皮膚照護教科書

── 健康肌膚的新常識 ──

皮膚科醫師
高賴聰子

預防醫學諮詢家
細川桃

譯者
盧宛瑜

晨星出版

SKINCARE AND NUTRITION TEXTBOOK

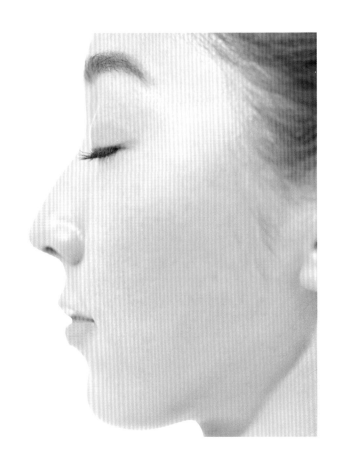

你真的了解

關於自己的肌膚、

以及正確的護膚嗎？

檢查每天對護膚 和飲食概念的誤解

- ☐ **1** UV隔離只要夏天做就好了

- ☐ **2** 每天用按摩商品或美顏機 拉提臉部

- ☐ **3** 肌膚很脆弱，所以要盡量選擇 有機化妝品

- ☐ **4** 只畫淡妝，就算不卸妝， 洗臉也可以洗乾淨

- ☐ **5** 只要多攝取維生素豐富的蔬菜， 肌膚就會變美

- ☐ **6** 為了美肌，要多飲用含蔬果泥等酵素 的飲品

- ☐ **7** 為了提高女性賀爾蒙，要多服用 補給品或黃豆來補充異黃酮

- ☐ **8** 做排油（無油）減肥

→答案在第5頁

「為了皮膚」這種錯誤的觀念會妨礙美麗

每天早晚都在進行護膚與飲食。

因為在意美容，使用了各式各樣的東西，但

不僅沒有達到期望的效果，更有解決不完的肌膚問題……

或許是因為錯誤的認知與用錯方法。

為肌膚而做的事，有時候反而是在傷害肌膚。

其實應該好好學習有關肌膚、身體、及化妝品等相關事項，

就算是保養，若能擁有正確的認知，肌膚就會變得健康，

即使出現狀況，也能在變嚴重前就恢復。

現今化妝品日新月異，若能獲得正確的使用方式，

就能輕鬆實現「比現在更美」的夢想。

如果能夠獲得正確的知識，
肌膚就能永保健康！

1 紫外線是肌膚的大敵，**UV防護需要365天**
紫外線會讓肌膚受到多種傷害，並加速老化。4～8月間紫外線量增強，但其他時期也不少。就算陰天或下雨，還是有紫外線，因此防曬→隔離→粉底，多重防護更有效。

2 肌膚要輕輕對待！嚴禁用力按摩
撫摸肌膚會促進賀爾蒙分泌讓肌膚變美，如果又搓又揉，強行按摩，會有反效果。因為用力拉扯，真皮會被破壞，造成鬆弛。按摩時盡量不要讓肌膚表面有太大移動，請溫柔地對待肌膚。

3 植物的力量很強，皮膚容易粗糙的人要注意
因對皮膚好的印象，很多人選擇有機化妝品，但有些植物屬於藥草，效果強。皮膚容易粗糙的人，若在狀況不佳時使用，易產生刺激。購買前最好先用試看會不會過敏再買。

4 就算是淡妝，仍屬於油性，就必須卸妝才能去除
再怎麼淡，化妝品還是屬於油性，只用洗面乳洗不乾淨。無論BB霜或防曬乳都一樣。只靠洗面乳要洗淨就需要用力搓，如此便會使肌膚失去潤澤。所以只要有化妝就要卸妝。

5 不只蔬菜，連組成肌膚要素的蛋白質也要一起攝取
蔬菜含豐富的維生素是身體必須的養分，但若只攝取蔬菜，皮膚不會漂亮。還必須有三大營養素，分別有作為肌肉、皮膚以及頭髮組成元素的蛋白質、提供身體能量來源的碳水化合物、以及讓肌膚保持潤澤的脂質。

6 不和酵素一起攝取蛋白質，肌膚也不會變漂亮！？
由於酵素屬於蛋白質的一種，在人體內會被自體分泌的消化酵素分解，因此只能從外部補充。與其額外攝取酵素，不如多注意作為體內酵素的材料是否充足，例如氨基酸、維生素與礦物質等。

7 不是每個人都能靠異黃酮提高女性賀爾蒙
黃豆內含的異黃酮成分與女性賀爾蒙的作用類似。但最近研究發現，異黃酮要在腸內發酵後，才會發揮與女性荷爾蒙相同的作用。因此並不是對每個人都有效。

8 油脂能夠提高美容成分的吸收！
油能夠促進食物脂溶性抗氧化維生素的吸收。所以吃沙拉時一定要加油脂。在意熱量的人可以添加食物纖維及良性必需脂肪酸的酪梨。酪梨也有提高營養吸收的功效。

皮膚護照教科書

健康肌膚的新常識

CONTENTS 〔目次〕

2 **前言**

12 兩位專家教我們的事

14 本書的使用方式

BASIC 〔基礎課程〕

16 皮膚的作用

● 皮膚都在做什麼？
● 皮膚是什麼組成的？

17 皮膚的作用
……保護功能／新陳代謝功能／調節體溫功能／傳感功能

20 「健康的肌膚」的五個關鍵字
……Keyword：水分&油分／肌理（紋路）／彈力／再生／營養

25 特別專欄 ① 「肌膚老化」指的是什麼？

27 健康肌膚的大敵! ① 內在因素
……活性氧／營養不良／壓力／睡眠不足／血液循環不良

28 健康肌膚的大敵! ② 外在因素
……紫外線／香菸／乾燥／空氣污染／錯誤的保養

30 需要護膚的理由

● 肌膚真正需要的是什麼？
● 護膚的目的

31 試著打造「素肌力」
……「肌膚再生能力」／「保持肌膚水潤的能力」／「打造肌膚的基礎能力」

44 健康的肌膚需要營養的原因

● 不好好吃飯肌膚就會加速老化？
● 我們缺乏的營養是什麼？

45 一起了解營養的問題吧
……其實是「營養失調」／大家都「會吃」／「熱量減肥」會引起老化

50 健康肌膚必需的營養素6
……3大營養素【碳水化合物／脂質／蛋白質】
　　副營養素【維生素／礦物質／膳食纖維】

66 以「彩虹色」飲食法為目標

PRACTICE 〔實踐課程〕

68 評估自己真正的膚質

● 膚質可以改變嗎？
● 屬於乾燥肌的人逐漸增加？

70 了解自己的膚質
……一般膚質（normal skin）／乾燥膚質（dry skin）／油性膚質（oily skin）
　　乾燥性油性膚質（inner dry skin）／混合性膚質（combination skin）

76 〈基本保養〉了解正確的保養方式

● 如何讓保養品有效？
● 如何透過護膚改善肌膚？

77 基本的保養方式

78 正確的卸妝方式

84 正確的洗臉方式

88 化妝水的正確用法

92 精華液的正確用法

96 乳液·乳霜的正確用法

100 UV隔離的正確方式

108 〈特殊保養〉了解正確的保養方式

● 想知道如何保養眼周及唇部
● 應該使用按摩器或美顏機嗎？
● 膚況較差時的保養方式

109 眼周的正確保養方式

111 嘴唇的正確保養方式

112 正確的按摩法

116 膚況較差時的保養方式

118 透過飲食改善煩惱

● 要吃什麼、該怎麼吃？
● 想知道對肌膚好的食物

119 打造能夠「吸收養分」的體質
……提高養分吸收率的方式／攝取製造肌膚的元素「蛋白質」

特別專欄 ②

126 為何容易便祕 → 促使老化！

127 為何容易罹患糖尿病」 → 肌膚糖化 → 變黃

128 解決肌膚的煩惱・毛病

● 皮膚的毛病是如何引起的？
● 要如何保養才能解決？

129 了解問題的原因，對症下藥

130 乾燥
……正確的「保濕」護膚／讓肌膚水潤的飲食

136 皺紋
……改善「小皺紋」、「表情紋」、「老化紋」的保養方式

142 黑眼圈
……改善「藍眼圈」、「咖啡眼圈」、「黑眼圈」的保養方式

148 毛孔
……改善「開放式毛孔」、「黑頭毛孔」、「下垂毛孔」、「乾燥毛孔」的保養方式

154 面皰・丘疹
……依照面皰狀態修正保養方式／面皰的預防和對策／利用飲食抑制皮脂分泌

162 鬆弛
……各種鬆弛原因的保養方式：膠原蛋白・彈力蛋白的量減少
　　／真皮和表皮間的連結鬆弛／肌肉量減少

168 暗沉
……各種暗沉原因的保養方式：角質堆積／黑色素沉澱／血液循環不良／乾燥

173 女性與貧血問題 → 有7成的女性有隱性貧血

176 從頭開始美白

● 安全又有意義的美白護膚是什麼？
● 斑點保養得當，真的會消失嗎？

177 紫外線造成的斑點是如何形成的？

178 美白化妝品的作用

179 美白化妝品的目的？

183 特別專欄 **3** 美肌的萬能成分：「維生素C」。不僅用於美白哦～

184 美白保養品對各種斑點都有效嗎？

186 肌膚是否容易產生斑點？其類型與差異在哪裡？

EXTRA 〔應用課程〕

188 賀爾蒙讓肌膚狀況變好

● 賀爾蒙帶給肌膚的影響？
● 讓肌膚不受生理因素影響

189 如何與女性賀爾蒙和平共處

190 影響肌膚狀況的兩種女性賀爾蒙

192 利用良好的睡眠品質讓肌膚狀況變佳

BASIC & PRACTICE 〔基礎&實踐課程〕

194 保養頭髮的正確方式

● 怎麼做才能擁有健康的頭髮？
● 如何對抗女性頭髮稀疏？

196 頭皮受傷的原因及症狀

197 頭髮受傷的原因及症狀

200　特別專欄 4　關於掉髮‧髮量稀少‧圓形禿等症狀

EXTRA〔應用課程〕

202 化妝品的購買方式

● 怎麼選擇比較好？
● 如何得知哪種是安全的？
● 只要是有機化妝品就是安全的？

203　**了解市售商品的種類**
……保妝品／準藥品／藥品／診所處方

204　**商品標示的閱讀方式**

207　**有機保養品對肌膚較溫和且安全真的嗎？**

208 美容診所能做到的事

● 美容診所的差異？
● 什麼時候該去？
● 如何與美容診所互相配合？

209　**了解相關診所的差異**
……皮膚科／美容皮膚科／美容外科

210　**如何與美容診所相互配合**

211　**該採用哪種醫療美容？**
……以健康肌膚為目標／想實現肌膚年輕化

216　特別專欄 5　老化及遺傳問題

218 肌膚保養與營養問題的Q&A

兩位專家教我們的事

從
「外」
支援肌膚

皮膚科醫師

高賴聰子

日本WOVE診所中目黑院區院長。東京慈惠會醫學大學畢業後，即於該大學任職皮膚科醫師。2007年開立WOVE診所。以安全且有效的手術並結合家庭保養、內在保養等治療方式深受信賴。是Doctor's Cosme 護膚保養品『AMPLEUR』的研發者，她讓GF（生長因子）及苯二酚等率先用於家庭保養的產品上。其針對毛髮治療的評價也相當高。

別忘了
要放鬆心情
樂在保養!!

正確的知識與正確的保養。
是通往最佳膚質的捷徑！

慰勞並愛護自己的肌膚。我為很多女性看過診，所以知道這份想讓肌膚變美的心。都特地保養了，應該是把肌膚看得很重要吧。

但事實上很多人對肌膚和保養有很多誤解。因此反而為肌膚帶來問題。例如，當我們感到身體狀況不好時，可能會吃點溫暖的東西然後早點就寢，盡量預防不要讓狀況變嚴重。肌膚也一樣。當覺得肌膚狀況欠佳時，就要稍微停下來，重新檢視保養步驟。

因此，就必須擁有正確的知識並確實了解自己的肌膚。先確認肌膚的觸感、狀態。如果每天都能確實關注肌膚，應該能感受到肌膚的些微變化。再搭配正確的知識，就能針對肌膚狀況做保養，提早預防肌膚問題。

樂在保養也很重要。做開心的事，賀爾蒙就會變成我們的盟友，實現「越來越美」。所以每天早晚都要檢視一次肌膚。一邊愛護它，一邊做保養。好好面對肌膚，只要1個月就能有所改變。

從「**內**」支援肌膚

預防醫學諮詢家
細川桃

她是由醫師、營養師、烹飪專家組成的「Luvtelli東京&NewYork」的主席。在美國習得最頂尖的營養學，2011年～2014年於Miss Universe Japan Beauty Camp擔任講師，專門為入圍賽事者或運動選手等做飲食及醫療方面的諮詢。同時涉足飲食與健康相關研究，並持續在抗老化協會等積極發表相關訊息。

打造肌膚的原料就在每天的飲食裡！

98%的潤澤都來自於飲食。
用「美肌飲食的訣竅」邁向化妝美肌！

傾聽以世界第一美女為目標的**100**位以上女性的煩惱及理想後，在大會當天為了要實現最佳美麗素顏，便開始從醫療面、飲食面給予支援。隨著年紀增加，肌膚也會逐漸變化，但有一件無法改變的事實，就是製造肌膚的來源只有食物。之所以離不開遮瑕膏，或許是因為飲食生活的關係。先了解哪些是打造肌膚的原料，然後選擇最接近想要的膚質的飲食生活，就能提高美肌力。

不過，對肌膚好的物質光是攝取還是不夠。要讓營養或美肌成分毫不浪費地吸收，有一些訣竅。許多女性因不正確的消息和既定的觀念，而離美肌越來越遠。其實肌膚潤澤度有**98%**都來自飲食（※）。只要有一項營養不足，肌膚的條件就會瓦解。要先了解眾多美女所實踐的「美肌飲食訣竅」，再來擁有理想的肌膚。

※保留於角質層的水分中，有2～3%是皮脂，17～18%為天然保濕因子（蛋白質），剩餘的80%為神經醯氨（脂質）保護，因此肌膚潤澤有98%都來自於飲食。

〔基礎課程〕

BASIC

☐ 關於肌膚的構造
☐ 關於組成肌膚的養分
☐ 保養的意義

了解正確的護膚及飲食的意義！

對肌膚而言什麼才是好的？需配合怎樣的護理及飲食？首先，皮膚也有個性之別，生活的模式也會因人而異。因此這個問題的答案將會變化無窮。每個人都有變美的「潛力」，但現實卻是眾多女性覺得無法順利變漂亮，且認為肌膚保養是個難題。

無論是興趣或工作，我們都會對目標對象展開地毯式的搜索。同樣地如果能夠了解肌膚的構造及功能，那麼就能了解平常習慣的保養以及飲食等對肌膚會帶來哪種影響。雖然每個人的狀況都不一樣，但是大都有共通性的基礎保養方式、以及應該攝取的營養。這裡會先針對這些基礎來介紹。接著到實踐課程時，就能輕鬆做到肌膚重整、以及對抗肌膚問題了。

➡ 見 P16~67

PRACTICE 〔實踐課程〕

- □ 護理的方式
- □ 化妝品的選擇方式
- □ 攝取營養的方式

了解肌膚煩惱
與毛病的解決方式！

　　前面已學過有關肌膚及營養的基本知識，接著要學的就是實際能夠讓肌膚不容易出毛病、且擁有健康肌膚的方式。以下會讓各位詳細學到每日的基礎保養方式、以及化妝品的選擇方式、營養的攝取方式等。

　　接著還會介紹有關壓力、睡眠不足、紫外線等各種無法避免的因素所造成的肌膚突發狀況、以及根深蒂固的肌膚問題的解決方法。如果能每天確認自己的肌膚狀況，針對肌膚狀態做正確的保養，並透過飲食來消除造成肌膚問題的原因，就能打造、守護健康強韌的肌膚。並非以臨時解決問題為目的，而是以解決根本問題為目標。

　　此外，針對安全性受到質疑的美白護理、以及女性也相當關注的頭皮保養、不知如何選擇醫學美容以及有機化妝品、熱門的發酵食品等與美容有關的最新主題，也會在此用簡單的方式介紹。

➜ 見 P68~187

ABOUT SKIN

皮膚的作用

皮膚都在做什麼？

皮膚是什麼組成的？

跟身體健康
有很密切
的關係喔！

避開髒汙、紫外線、病毒等
保護功能

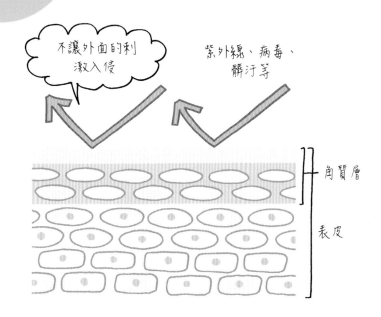

不讓外面的刺激入侵

紫外線、病毒、髒汙等

角質層

表皮

能區隔外敵與刺激，保護肌膚滋潤

皮膚是外界空氣與身體接觸的第一道界線，它的第一個機能就是保護作用，指區隔異物，不讓其入侵體內。皮膚不僅能阻止細菌和病毒入侵預防感染和疾病，也能夠預防紫外線給細胞帶來的DNA破壞。

發揮最大保護功能就是最外側的表皮。表皮約0.2mm，相當薄，就像膠膜一樣覆蓋全身，保護身體與外界空氣間的接觸。表皮

包含最上面的角質層，其中角質細胞就像魚鱗般緊密排列，能阻擋物理性的外部刺激。角質細胞間的空隙還有神經醯氨及膠原蛋白等細胞間脂質，因此微生物以及過敏原就沒有入侵的空間。

此外，皮膚還有不讓水分流失的保水功能。在角質層中負責保留水分的NMF〈天然保濕因子〉以及由皮脂及汗組成的皮脂膜，就具有負責保護的功能。

常識！

臉部的表皮+真皮平均厚度約為2mm，眼瞼則為0.6mm

肌膚由表皮、真皮和皮下組織構成，但部位不同，厚度和組成也不一樣。臉部肌膚表皮和真皮層厚度平均約2mm。運動較激烈的眼瞼厚度較薄，約為0.6mm，僅有一張面紙的厚度而已。另一方面，手掌光表皮就有1.1mm，這是因為手部需要保護外界的刺激，角質層就比較厚。

皮膚的作用 **2**

排除廢物
新陳代謝功能

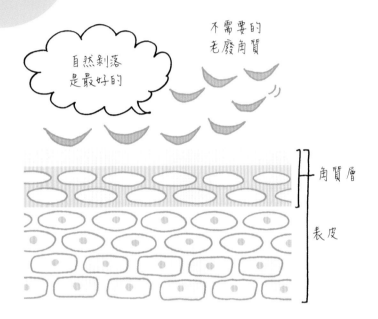

自然剝落
是最好的

不需要的
老廢角質

角質層

表皮

皮膚細胞會反覆再生、分泌及吸收

　　如果肌膚沒有再生功能，肌膚表面就會被老舊的角質塞住，變得粗糙，因紫外線所產生的黑色素就無法排出，肌膚就會變得暗沉。如果水在同一個地方滯留，就會漸漸混濁，皮膚的道理也一樣。

　　有適度新陳代謝的肌膚，老廢角質會緩緩掉落，新生的角質細胞會排列在肌膚表面。而負責保持肌膚水分的NMF等成分會充滿肌膚細胞空隙，讓肌膚維持健康水潤的狀態。

　　肌膚的作用也會將體內循環過、不需要的水分變成汗水，由汗腺排出。經由排汗作用讓體內水分保持適當平衡。此外，肌膚還佈滿血管及淋巴管，能將必須養分送達體內，並回收身體不需要的老廢物質。如果這些功能都能正常運作，肌膚和身體就能保持健康。

常識！

日本人的肌膚
「容易乾燥」！

有關日本女性肌膚的研究正持續進行，且逐漸發現一些新的事實。其中之一即日本人的角質層較薄，厚度僅約白種人的2/3。研究還發現日本人保持肌膚水潤的NMF等成分較不足。即指日本人的肌膚保水力較差，容易乾燥，受刺激。最近外資製造商也開始針對這樣的日本女性肌膚開發化妝品。

以排汗&肌肉伸縮來控制
調節體溫功能

維持體內恆常溫度，不受外部氣溫影響

皮膚的作用2中提及「汗水能夠調節體內水分平衡」，不僅如此，汗水還有另外一個重大的任務就是維持體溫恆常的功能。當身體受到氣溫等因素影響，覺得發熱，就會排出汗水，將體內多餘的熱釋出，使體溫下降以保持平衡。若體內的熱度滯留，就會成為中暑的原因，反過來說，體內多餘的水分也會造成寒氣。

當身體感到寒冷，真皮層的豎毛肌就會緊縮，皮膚會呈現起雞皮疙瘩的狀態。此時皮膚會讓身體的熱能維持在釋出最小值，以保護身體。我們之所以能迅速適應溫度的急遽變化，就是因為有肌膚的保護。

蒐集資訊，讓身體維持健康
傳感功能

感受溫度及疼痛，並連接到適當的指令

五感之一就是觸覺，這是肌膚具備的感覺。皮膚對於熱、冷等溫度、以及痛覺能夠有所感知。「好像碰到什麼了」、「好像被觸摸到了」、「覺得很舒服」等這些感受，都被認為是痛覺的一種，整體稱為熱痛覺。

而負責感知熱痛覺的，就是位於皮膚真皮層的麥氏神經叢細胞。這裡能察覺熱痛覺並發出訊息，這些訊息會傳遞至脊髓和腦部，讓體溫能夠做出適切的控制和反應、或讓反射神經發揮作用、或促進身體放鬆等。當護膚使身體覺得很舒服時，肌膚就能分泌出好的賀爾蒙，這也是傳感功能發揮作用的關係。

「健康的肌膚」的五個關鍵字

「想要讓皮膚沒有問題毛病！」若你希望做到這點，那麼你應該以「健康肌膚」為目標。肌膚徹底健康的狀態，指的就是不會出問題的強健皮膚。因此要維持肌膚健康與延緩肌膚老化有密切的關聯。這裡針對「健康肌膚」指的是怎麼樣的皮膚狀態，分成5個關鍵字來做說明。

Keyword

「水分及油分」平衡

「肌理」平整

具有「彈力」

「再生週期」正常

「營養」條件良好

Keyword
水分&油分

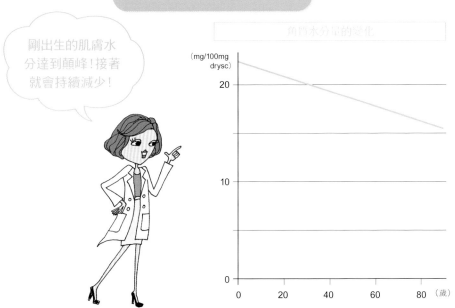

剛出生的肌膚水
分達到顛峰！接著
就會持續減少！

角質水分量的變化

(mg/100mg drysc)

20

10

0

0　20　40　60　80（歲）

表皮的水分和油分要適中

　　潤澤是健康肌膚的條件，潤澤的基礎就是水分，而維持潤澤的條件就是油分。這裡所提到的水分，指的是角質層內含的水，理想值為20%含量，油分指的是皮脂、存在於表皮的空隙如神經醯氨等細胞間脂質、以及角質層中環繞水分的NMF等三種物質，這些物質的平衡對皮膚相當重要。比較可惜的是，這些無法用數據來表示。

　　當角質層的含水量低於20%，肌膚就會比較乾燥。水分減少的原因很多，其中一種就是年齡。年紀愈大，補充及維持滋潤度的保養就相對重要。當水含量減少到10%以下，就變成乾性肌膚。乾性肌膚的，水分和油分都不足，其特徵就是「肌理紋路較淺且紊亂」、「毛孔小而不明顯」。

　　相反的，油性肌膚的皮脂量及角質的水分比較多，毛孔看起來就比較大，且肌理紋路較粗。

常識！

「光澤」和「閃亮」哪裡不一樣？

皮膚看起來會發亮，是因為皮脂分泌過剩。不只是這樣，肌理紊亂也會帶來很大影響。肌理較粗的肌膚，很容易看起來油亮亮的。另一方面，肌理較淺的肌膚，雖然一眼看上好像很滑溜，但比起肌理粗的人，皮膚看起來更容易像是抹上一層油。即使皮膚的皮脂量相同，肌理較平整適中的肌膚就能夠自然反射光澤，看起來就是平滑的光澤肌。

21

肌理（紋路）

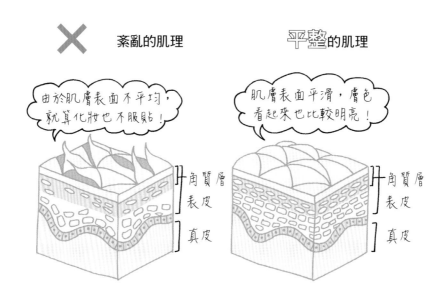

❌ 紊亂的肌理　　　　　平整的肌理

由於肌膚表面不平均，就算化妝也不服貼！

肌膚表面平滑，膚色看起來也比較明亮！

角質層
表皮
真皮

角質層
表皮
真皮

肌膚表面佈滿均衡的深溝才是好的狀態

肌理是由皮溝和皮丘所構成。肌理平整指的是皮溝深、皮丘膨起，皮溝和皮丘之間落差適中。進一步觀察肌膚全貌，若皮溝的大小密度平均分散於皮膚，那麼這是健康肌膚的條件。

我們肌膚在母親胎內初期階段時，就像包覆著膠膜一樣平整。當細胞反覆迅速分裂並成長，肌膚就產生裂縫，據說肌理就是這樣產生的。也是肌理有柔軟性的證

明。因此，若肌膚肌理細緻且平均，就代表肌膚具有柔軟性，且有保持水潤的能力。

如果肌理紊亂，或肌理消失變成平整，那麼就會失去肌膚的柔軟度，也無法維持皮膚水分。肌理紊亂的原因有很多，其中一個原因就是年紀增長，角質層變得又厚又硬，導致不容易形成皮溝。解決對策就是給予肌膚潤澤的保養。

常識！

「肌理」和「皺紋」哪裡不一樣？

兩者都是肌膚產生的溝紋，但是天差地遠。皺紋並非肌理變深造成的結果。皺紋是因年紀增加，臉部表情所帶來的慣性摺痕而成為皺紋。但初期老化跡象的小皺紋，即是紊亂的肌理所造成，可透過保濕讓肌膚具有柔軟度，就能夠重整並修復肌理。

彈力

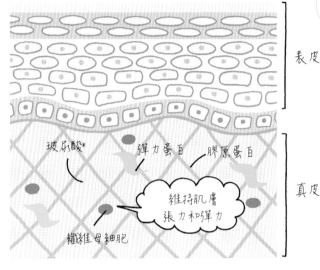

支撐肌膚彈性
的是真皮

表皮

玻尿酸*　　　彈力蛋白　膠原蛋白

維持肌膚
張力和彈力

纖維母細胞

真皮

有反彈力的肌膚，能維持不受重力影響

彈力就是指回復原狀的力量，觸摸會感到有反彈力的肌膚。沒有彈力的肌膚，壓下去就不會反彈，所以很容易留下睡覺的痕跡，也無法抵抗重力。因此失去彈力的肌膚，會隨著地心吸引的作用力漸漸鬆弛。

肌膚當中構成彈力的是位於真皮及真皮下方的皮下組織及肌肉組織。且這些構造必須分別有一定程度的硬度和張力。尤其與彈力息息相關的真皮。構成真皮的物質有膠原蛋白、彈力蛋白等纖維成分、以及生成這些纖維的纖維母細胞、還有分布於周圍，像果凍般的醣氨聚醣、蛋白聚醣等基質。其中，彈力的主要成分就是在真皮中呈現網狀分布的膠原蛋白，以及像彈簧一樣支撐膠原蛋白束的彈力蛋白。這些物質若緊緊地保持高密度存在於真皮，且纖維母細胞的膠原蛋白及彈力蛋白再生能力足夠，就構成肌膚有彈力的條件。

常識！

「肌膚柔軟」＝
「沒有彈力」？

每個人肌膚的軟硬本來就不一樣，這和彈力是不同的問題。此外，柔軟的肌膚指的是能夠應對運動和刺激，具有柔軟度＝有彈力的肌膚。相反的，比較硬的肌膚反而比較不具柔軟性。據說日本人的肌膚表皮較薄，真皮和皮下組織較厚，比起表皮較厚的白種人更具彈力且柔軟。

再生

肌膚細胞在28天週期內會漸漸再生

　　再生指的是表皮漸漸被新的細胞取代。表皮和真皮之間的基底層所生成的角化細胞（角質生成細胞）會朝肌膚表面往上，並逐漸改變為棘細胞、顆粒細胞的外觀及功能，最後變成角質細胞，並位於肌膚的最表層，然後自然脫落。從生成到脫落的週期理想值為28天左右，這讓健康細胞能夠經常覆蓋於肌膚表面。不過，這個週期會受到年齡、賀爾蒙平衡及紫外線等因素影響。一般而言，20歲到達高峰，週期約為28天，之後就會漸漸變慢。如此一來，無法留住水分的老廢角質就會滯留在肌膚表面，讓肌膚乾燥、產生斑點或暗沉。

最重要的就是
打造強健的細胞

營養

肌膚生長不可或缺的營養由血液運送

　　肌膚生成「要素」來自於食物。身體攝取的營養會透過動脈，運輸到肌膚各處，然後身體不需要的廢物就會經由靜脈回收，如此肌膚細胞就能夠迅速生長。若營養不足，血液流動停滯，細胞就會因能量不足而無法好好生長，且新的細胞也無法生成。

　　所以最重要的是要先有正確的飲食，讓營養能好好在體內循環，並且讓血流保持暢通。以體溫而言，維持在36～37度之間是血液循環最佳狀態。按摩也會有一定的效果，但要讓血液對抗重力逆流循環，最重要的還是肌肉所產生的血流幫浦。對健康肌膚而言，身體必須保持適當的肌肉量。

「肌膚老化」
指的是什麼？

老化指的就是受損肌膚來不及修復，開始產生斑點、皺紋、鬆弛

隨著年齡增加，人類的各種功能會逐漸衰退，出現老化現象。臉部與身體相同，也會跟著老化。老化的主要原因之一，就是年紀增長帶來的無可避免的現象。剛出生時是賀爾蒙分泌量的高峰期，新陳代謝及修復受損時間都相當迅速，接著會持續走下坡。甚至再生週期過了20歲後，就會開始變慢，體內賀爾蒙平衡也會產生改變。結果就是，細胞新生的能力降低，逐漸趕不上每日受損的速度，肌膚便開始失去張力和光澤，變成慢性乾燥，出現暗沉、斑點、皺紋以及鬆弛等症狀。

不過，老化的速度因人而異。遺傳而造成的老化只佔20%，剩下的80%都源自於接觸紫外線所帶來的「光老化」。也就是說，只要好好預防紫外線所帶來的傷害，就能延緩老化的速度！說紫外線是造成老化的導火線也不為過，因此，抗老化的護膚首要條件，就是預防紫外線。每天UV防曬和保濕護膚，並留意每日正確的飲食習慣，對延緩老化作用相當足夠。

肌膚的「更年期」是「28、35、42歲」！所以從28歲開始就要有危機意識！

每天都做相同的保養，但肌膚狀況卻變差了。所謂肌膚的轉折點，就是肌膚的「更年期」。據說女性每隔7年會有一次肌膚的「更年期」。第一次，也就是初期老化開始的時間，在28歲左右。這時期會實際感受到肌膚乾燥以及肌理紊亂，也會開始出現面皰、毛孔粗大等很多惱人的狀況。然後是35歲的時候。這時期會開始出現斑點以及眼周皺紋。到了42歲左右，法令紋和皺紋就會更加明顯，輪廓看起來也會較鬆弛。當肌膚迎接更年期時，讓我們重新審視保養方式，一起延緩老化跡象的出現吧！

內在因素 TOP5

第**1**名 活性氧

肌膚氧化＝讓肌膚生鏽的活性氧是最大敵人!!
如果肌膚無法發揮原本的作用,老化也會加速

生命中不可或缺的元素之一就是氧氣。但氧氣會因為紫外線、香菸、壓力等因素轉換成超氧負離子或羥基自由基等活性氧。這些活性氧是相當麻煩的物質。它們會對所有細胞展開攻擊,甚至讓團聚在一起的細胞氧化、腐鏽。當肌膚受到活性氧破壞,就會無法發揮原本正常的功能而加速老化。接著肌膚就會出現斑點、皺紋和暗沉等各種老化跡象。這些也可能成為癌症的導火線,為了要擁有健康的肌膚和身體,一定要保護細胞遠離活性氧。

第**2**名 營養不良

肌膚生成的來源,就是食物。
錯誤的飲食生活無法打造美肌!

我們的身體是由許多細胞構成,要讓這細胞健康成長,最需要的就是營養,而營養是從飲食攝取而來。不僅肌膚、肌肉和內臟等,所有器官的生成原料是蛋白質,能將蛋白質轉換成健康細胞的幫手,即維生素和礦物質、以及抗氧化物質。而細胞生成所必需的能量來源,碳水化合物等醣質也必須適當攝取。讓肌膚擁有自然潤澤的來源,即優良的脂肪,也是身體所必需的。為了擁有健康的肌膚,一定要以5大營養素為主,均衡攝取。若缺乏任何一種物質,造成營養不平衡,就無法打造健康的肌膚。

打造健康肌膚的「大敵」
提到敵人，很容易讓人想到是體外的問題，但事實上，體內也會有潛在的敵人。而且這些敵人會在體內不知不覺中累積，最後對我們造成莫大的傷害。讓我們重新檢視平常不曾在意的生活吧！

潛藏著名為「醣化」的敵人

碳水化合物雖然是人體必要的養分之一但絕對不能攝取過量，因為會導致「醣化」，即醣類分子不受酶控制而附加在蛋白質上，像是牛排煎過之後由紅轉棕便是一例。這個醣化過程產生的物質又稱為AGEs（最終糖化產物）。肌膚若是發生醣化，掌管肌膚彈性的膠原纖維便會變質而喪失柔軟度而變硬。此外在醣化作用下會變黃，更導致了臉色暗沉，因此喜歡吃甜食跟飲酒的人要特別小心！

第3名 壓力

壓力會消耗身體的氧氣，肌膚就會陷入危機漩渦

身體所必需的氧氣會轉變成對體內有害的活性氧，最大的原因就是壓力。如果身體能戰勝壓力，就代表消耗相當多的腎上腺皮質醇。腎上腺皮質醇原本是身體分泌用來鎮定體內所產生的發炎症狀，當大部分的皮質醇被用來對抗壓力，身體就容易發炎。此外，壓力也會影響女性賀爾蒙，讓身體的水分及油分不平衡，肌膚也就容易乾燥或產生面皰。

第4名 血液循環不良

如果養分無法送達細胞，肌膚就會感覺不飽滿

每個細胞都能接收到養分，才能培養健全的細胞。運送這些養分的血液必須能順暢地在全身各處流動。如果血液流動有所遲緩，細胞就會營養不足，無法孕育健康的肌膚。此外，血液循環如果不好，皮膚看起來會沒有血色而慘白，也無法維持正常肌膚重整週期，讓老舊角質堆積於肌膚表面，看起來就會暗沉。女性血液循環不良的原因，除了寒冷外，還有運動不足導致肌肉量少，血液循環能力也會較差。

第5名 睡眠不足

睡眠不佳身體修復功能衰退，肌膚就不會健康

細胞要修復當天所受的損害，就得仰賴睡眠中的身體機能。當睡眠時間不足，修復功能就無法充分發揮，會為細胞留下傷害。而能活化細胞讓肌膚有生氣蓬勃的賀爾蒙也會受生理時鐘影響，如果睡眠時間不規律，就無法好好分泌賀爾蒙。所以每天6～7小時的規律睡眠很重要。此外，睡前環境也相當重要，如果睡前還在使用智慧型手機或電腦，腦部會因受到刺激，而影響睡眠品質。

外在因素 TOP5

東方人的皮膚比白種人更能對抗紫外線？

YES。這是因為東方人皮膚的黑色素比白種人多。黑色素就像保護DNA對抗紫外線的陽傘，它並非不好的物質，反而是肌膚的好朋友。生產黑色素的工廠，即色素體的數量，在每個人種身上都一樣，不同的是生產能力。黑色素的生產量依序是白種人<黃種人<黑人，和皮膚的顏色（黑白）成比例。

第1名 紫外線

給DNA帶來傷害，妨礙生成健康肌膚的萬惡之源！

頭號外在因素就是紫外線。前面曾提過，事實上老化的原因有80%是在紫外線造成。當皮膚暴露紫外線下，細胞的DNA就會受到傷害，但人體構造是相當健全的系統，DNA不會只是一直受傷，它擁有在睡眠中修復的能力。只不過，當年紀增長，修復的能力就會下降，但過度暴露於紫外線下，修復功能就遠不及傷害帶來的影響，而造成各種問題。此外，當皮膚乾燥的狀況加劇，屏障的功能就會減弱，使DNA遠離紫外線傷害的黑色素生產量就會增加，是形成斑點和肌膚黯沉的原因。當紫外線到達真皮層時，就會破壞膠原蛋白及彈力蛋白，造成皮膚皺紋和鬆弛。

第2名 香菸

百害而無一利。就算是被動吸菸，影響還是很大。
既會產生活性氧，血液流動也會變差！

提到抽菸的危害，很容易只想到抽菸者本身的問題，事實上周圍的人更加危險！因為，香菸的煙屬於側流煙。這比起抽菸者直接吸入的煙，含更大量的有害物質。側流煙會產生肌膚大敵「活性氧」。要去除這些物質，就算用維生素C等肌膚所必需的抗氧化成分，生成健康肌膚的養分還是會漸漸不足。而且側流煙的尼古丁會使血管收縮，讓血液的氧氣運輸能力下降。結果肌膚細胞就會陷入養分難以送達的狀態。就連製造新細胞、或修復損害的功能等都無法運作，而加速老化。

對於活在現代的我們而言是無法避開強烈的紫外線與PM2.5等空氣汙染。但只要了解這些敵人的真面目，就能建立適當的對策。這裡將列出肌膚受外在因素影響所受到的傷害，以及促進老化的主要原因！

第3名 乾燥

**使防護功能降低，
漸漸走向容易乾燥的肌膚**

前面提到，肌膚表面有角質細胞及細胞間脂質填滿空隙，但如果肌膚乾燥，這些物質間就會產生空隙，使外界的刺激容易入侵。肌膚防護的功能下降。如此一來，肌膚不僅更容易受到紫外線影響，細菌或病毒也很容易入侵肌膚，讓肌膚處於發炎狀態。再者，細胞間脂質的量也會減少，造成保水力減弱，肌膚變得更容易乾燥，柔軟度也會下降。這些都與肌膚皺紋、暗沉等有關。

第4名 空氣汙染

**日益嚴重的空氣汙染。
會讓皮膚「莫名的不舒服」**

廢氣、花粉、黃沙以及PM2.5。這些物質只要跟皮膚接觸，可引起發炎，讓防護功能下降。也可能會產生泛紅及灼熱。而身體為了要壓抑這些發炎症狀，便會使出免疫功能，使免疫功能無法用在保護肌膚的功用上。也就是說，空氣汙染物質也會進入體內造成發炎，身體為了要對抗這些發炎，就必須以免疫力及營養加以支援，這樣就會讓肌膚無法獲得保護，總是處於「不舒服」的狀態。

第5名 錯誤的保養

**保養不足或錯誤的保養
也是肌膚受傷的原因**

就算是為了肌膚保養，稍有不慎弄錯，就會造成反效果。光是洗臉這項，若沒好好清除臉上的彩妝或髒汙，毛孔就會堵塞產生面皰。如果用熱水洗臉，皮脂會流失過多，造成肌膚容易乾燥，如果用毛巾摩擦，就會造成色素沉澱。而如果只讓肌膚補充水分，也會因為油分不足，造成肌膚乾燥，不防曬當然也是NG。若過度使用按摩商品，也可能會破壞真皮組織，造成將來肌膚鬆弛……等這些都不容忽視。

SKIN CARE

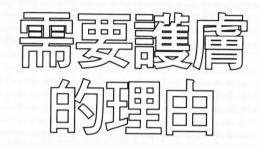

需要護膚的理由

肌膚真正需要的是什麼？
護膚的目的

如果能確實做到3種素肌力，就能擁有健康的肌膚！

打造「素肌力」

護膚的3大目的就是「清潔」、「乾燥對策」及「預防紫外線」。
透過這三點，肌膚就能夠發揮與生俱來的能力。
這些肌膚與生俱來的能力，也就是「素肌力」。

「肌膚再生能力」 ➡ 重整

構成肌膚最外層表皮的細胞會一直不斷再生，老舊的細胞就會逐漸剝落。細胞再生的能力就是重整，理想週期為28天，與肌膚的保水能力或防護功能密切相關，若再生週期紊亂，肌膚就容易乾燥，對抗刺激的能力也會較弱。而年紀增加或紫外線與賀爾蒙的影響，都會讓這個週期變慢，所以保持再生週期規律就是健康肌膚的根本。

「保持肌膚潤澤的能力」 ➡ 防護功能

肌膚本來就擁有保持潤澤的能力。由肌膚內的細胞間脂質以及NMF（天然保濕因子）負責將水分環抱住，不讓水分流失，並由覆蓋在肌膚表面的皮脂膜負責維持水分。如果皮膚感到乾燥，那就是保持潤澤的能力下降所致。而護膚的目的之一，就是進一步針對乾燥，從提高肌膚保持潤澤的能力開始。

「打造肌膚的基礎能力」 ➡ 健康的細胞

為了要發揮「肌膚再生能力」以及「保持肌膚潤澤的功能」，其必要條件就是每一個細胞都必須非常健康。從所有細胞源的幹細胞開始，為了讓養分能送達所有細胞，必須有營養均衡的飲食，以及暢通的血液循環流動。此外，保護細胞遠離紫外線也是必須的。

肌膚再生的能力
→就是重整

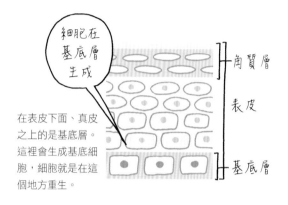

細胞在
基底層
生成

在表皮下面、真皮之上的是基底層。這裡會生成基底細胞，細胞就是在這個地方重生。

打造能保持潤澤肌膚的基本能力

在表皮及真皮之間的基底層所生成的細胞，會慢慢被推擠至表皮，轉換成棘細胞、顆粒細胞等不同形態。這過程當中，會形成保濕的玻尿酸、以及絲聚合蛋白NMF（天然保濕因子）元素、神經醯氨以及膽固醇等埋藏在表皮空隙的細胞間脂質。透過這些物質，肌膚就會有潤澤度，防護功能也能正常運作。

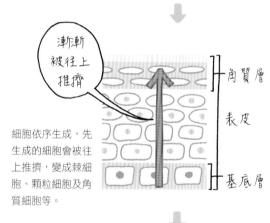

漸漸
被往上
推擠

細胞依序生成，先生成的細胞會被往上推擠，變成棘細胞、顆粒細胞及角質細胞等。

如果表皮再生的機制＝重生功能降低，再生週期變長，這些物質的生產力就會下降。細胞往上推擠的力量也會減弱，表面就會長期被老廢角質覆蓋。由於角質粗糙，彼此互相摩擦便會產生空隙，神經醯氨等物質的量減少也會讓表皮變乾粗，保水力和防護功能就會大幅降低。這時肌膚很容易出狀況，肉眼所見的肌膚也會覺得不好看。肌膚再生週期變慢的最大原因就是年紀增加。這雖然無法完全對抗，但還是有可能透過適當的保養，讓週期接近理想值。

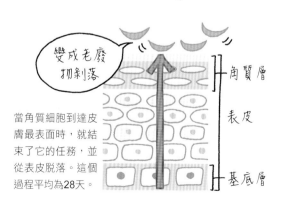

變成老廢
物剝落

當角質細胞到達皮膚最表面時，就結束了它的任務，並從表皮脫落。這個過程平均為28天。

Q 年紀不同，肌膚再生週期也會改變嗎？

A 以20歲為界線，週期天數會漸漸增加！

年紀增加，各種肌膚功能便會下降，不僅再生功能減弱，週期也會漸漸變長。20歲左右大約為28天，30歲為40天，40歲為45天，50歲則大約要花20歲週期的2倍……。如此一來，肌膚失去保水力，有黑色素的老廢角質總是分布在肌膚表面，無法保持潤澤，於是變得乾燥暗沉。更由於肌膚防護功能降低，紫外線及空污等外部刺激就更容易入侵，加快老化的速度。

不同年齡層的肌膚再生週期	
10~19歲	20天
20~29歲	28天
30~39歲	40天
40~49歲	45天
50~59歲	55天

如何讓自己的肌膚再生週期越接近28天是保養的關鍵！

Q 能靠自己的力量提高肌膚的再生力嗎？

A 透過飲食、按摩及化妝品能提升代謝

再生週期變慢的最大原因就是年紀增加。因血液循環變差、細胞生成能力下降。雖然無法阻止年紀增長，但透過飲食提高代謝、泡澡、按摩等都能讓循環變好。此外，選用磨砂或專用的美容液等保養品，以物理或化學的保養方式讓細胞剝落，也是個好方法。如果能持續保養，飲食保持高代謝意識，營養攝取均衡，並食用豐富的蛋白質，那麼就有可能讓再生週期接近理想。

Q 再生週期越早越好嗎？

A 若未成熟細胞覆蓋於肌膚表面，皮膚會變容易受外界刺激

平順的再生週期會讓表皮經常充滿新細胞，肌膚潤澤保水力也會提高，這很容易讓人以為再生週期越早越好，事實上不對。還不能覆蓋於表皮的未成熟細胞若冒出表皮，就無法充分發揮抵抗外界刺激的防禦功能。皮膚反而容易受到紫外線影響，引發乾燥及其他肌膚問題。原則上再生週期不會自然提早，但如果有過敏性皮膚炎等疾病，或太過強力的剝離、頻繁去角質等錯誤的保養，就會造成這種狀況。

一起**去角質**吧

　　如果不去角質而持續保養，30歲左右，肌膚就會因為老廢角質滯留，變得容易粗糙暗沉。而且肌膚內部的保濕力會下降，防護功能也會衰退。別任由再生週期變慢，只要稍微認真保養，肌膚的狀況一定會變好。

　　如果肌膚無法維持28天的再生週期，那就要藉由「去角質」讓它接近理想週期。這個方式就是讓應該留在肌膚表面的新角質細胞停留，只去除不需要的老廢角質。

　　去角質的問題就怕「過度清除」。如果使用錯誤方式，每天都強制剝離去除角質，肌膚可能會容易乾燥、疼痛以及泛紅。此外，物理性去角質的磨砂霜也會對肌膚過度按摩，為肌膚帶來傷害。去角質護膚需要慎重選擇，每週一次左右，且必須先了解自己的肌膚狀況，再依適當的頻率進行。

去除不需要的老廢角質

顆粒或磨砂按摩

粒子細，能用手指推開的才佳

大都以植物種子或火山岩等磨成粉末，加在洗面乳中。用這些細小顆粒在臉上旋轉，不僅能讓毛孔中的髒污溶出，藉由物理性磨擦也可讓老舊角質脫落。但這多少也會擔心對肌膚帶來刺激，因此要選擇顆粒較細，不會過度摩擦，以及在肌膚上按摩時不會疼痛的產品。以油分或保濕成分為基礎的產品是推薦選項。雖然如此，還是嚴禁過度去角質。並遵守説明書的使用方式。

角質護膚精華液

選擇每天都能用的保養品，促進肌膚自然再生

醫學美容也會用的果酸或甘醇酸等換膚成分讓肌膚表面的老廢角質脫落。將這些成分調整成安全的濃度，便能當作美容液使用。最好的種類就是對肌膚的刺激性不強的，「每天使用也OK」的保養品。此外，這類保養品最好含保濕成分。在洗臉後或用完化妝水後，用這類保養品來軟化肌膚，只要擦拭過後就能夠促進角質再生。

其他按摩

試著溫柔的按摩。要小心「摩擦」和「脫皮」

要提高肌膚代謝，利用溫柔按摩肌膚來去除多餘的角質也相當有效。但太過用力摩擦，會帶來反效果，一定要擦按摩乳液後，不要出力慢慢按摩。雖然有專用的按摩產品，不過用一般乳液或乳霜只要量用多一點也可以。另外也有塗在肌膚上再按摩的液狀產品、以及乾燥後再撕除的面膜，但有些產品刺激性較強，要先仔細閱讀使用説明。

哪些人最需要去除角質？

一過20歲，肌膚再生週期就會變慢，肌膚會開始出現老化徵兆大約是25歲過後。成年女性只要肌膚沒有出現狀況，就需要定期去角質。尤其是覺得肌膚容易變硬、暗沉，用化妝水按摩也覺得沒甚麼效果時，就去角質吧！，這時最容易實際感受去角質的效果。

保持肌膚水潤的能力
素肌力 2
→就是**防護功能**

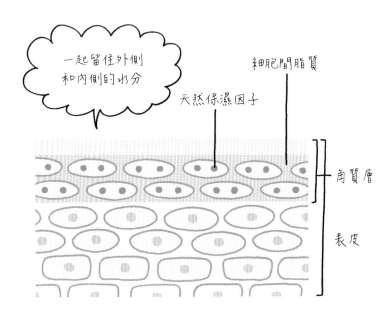

一起留住外側和內側的水分

天然保濕因子

細肥間脂質

角質層

表皮

擁有水潤且能保持水潤的肌膚既健康又強壯

　　防護功能指的是保護身體、阻隔外界刺激及紫外線的同時，又能夠維持肌膚內部的潤澤。若再生功能減弱，肌膚看起來會變糟，形成肌膚表面的問題，因此，防護功能降低，容易受刺激、泛紅與發炎等導致更嚴重的狀況。就算補充水分，肌膚也會因保持水潤功能喪失，變得容易乾燥，就連肌膚大敵紫外線也會直接影響傷害肌膚內部。不僅如此，更會深深影響肌膚水分與油分的平衡、以及彈力和肌理等，讓肌膚產生斑點、皺紋及鬆弛。

　　防護功能中，主要負責保持潤澤的是皮脂膜、NMF（天然保濕因子）及細胞間脂質。皮脂膜由皮脂和汗水混和構成，形成肌膚表面天然的保濕膜，負責防止潤澤流失。此外，角質層內的NMF負責留住肌膚的潤澤度。但更重要的是由神經醯氨和膽固醇等構成的細胞間脂質。它的構造多層，分布在細胞的空隙間，是物理性堵住水分流失的管道，並預防水分蒸發。神經醯氨也有留住水分的作用。

Q 防護功能降低的原因是什麼？

A 乾燥是使防護功能降低的主因

最大的原因就是乾燥。守護肌膚潤澤也就是預防乾燥的防護功能，會因肌膚乾燥而降低其作用，導致肌膚漸漸無法維持水潤，而使肌膚乾燥⋯⋯。除了因空氣乾燥導致肌膚乾燥，年齡增長也會讓乾燥加劇。嬰兒時期不需要護膚，但大人卻需要，就是這個道理。過度清潔也會讓乾燥程度更嚴重。而隨著開始化妝的年齡降低，第一次使用卸妝產品的年紀也會變早，因此不管是國中或高中生，只要有化妝，就應該將保濕當作保養的重點。

Q NMF（天然保濕因子）可從外在補充嗎？

A 補充性質類似的成分可能發揮相同的作用

分散在角質細胞間的NMF雖然是保持肌膚潤澤的主要成分，但它也很容易因洗臉而流失。因此，若防護功能夠強，就能防止這項成分流失，但當肌膚因乾燥導致防護功能降低時，NMF就會從肌膚較脆弱的部分流失，導致肌膚更加乾燥。推薦的做法就是補充類似的成分加以保養，例如氨基酸、以及甘油等。利用保養讓這些成分進入到肌膚，補足NMF的作用。如果再加以補充分布於細胞間的神經醯氨，就能夠更有效預防乾燥，強化肌膚防護功能。

Q 化妝品為什麼有效？

A 因科技進步，以前維持健康，現多了效用功能

原本日本藥事法中規定的化妝品是以「維持健康狀態」為目的，基本功能是「對人體作用較緩和的用品」。具體而言，它的功能是維持水分及阻隔紫外線等，用於補足原本肌膚就擁有的功能，並非對肌膚「有效」。但這幾年，皮膚科學研究進步的同時，化妝品的開發也加速發展，現在的化妝品已經增加「＋α」的功效。不僅角質層，化妝品更能夠深入表皮及皮膚內部作用，能為肌膚帶來美白效果，以及讓皺紋變淡。所以「有效」的化妝品已漸漸增加了。

選擇正確的化妝品才能打造健康的肌膚！

採取保濕護膚吧

　　要提高肌膚的防護功能，最不可或缺的就是保濕。具體而言，保濕指的是「補充水分」「補充細胞間脂質」「以油分做保濕的保護膜」這三項，簡單來說，就是將水和油塗在肌膚上。用化妝水讓肌膚補充大量水分，這對肌膚保濕而言是不足夠。神經醯胺、膽固醇等是存在於角質層的細胞間脂質，可選擇含有能夠促進這些物質生成的相關成分化妝品，就能好好強化肌膚保水的能力。油分構成的保護膜也很重要。我們的肌膚外有一層防護膜，這層防護膜即是以皮脂及汗水組成的皮脂膜，能夠保護肌膚潤澤，預防水分蒸發，但皮脂的分泌會逐年減少，無法完全預防水分流失。如果肌膚表面沒有充分的油脂覆蓋，肌膚為了要保持滋潤，皮脂就會分泌過剩，讓肌膚變成油性肌膚或混和性肌膚。唯有做好保濕，肌膚才能夠變成油水平衡的健康狀態。

別讓水潤流失，好好維持吧！

基本的保養

化妝水 ➡ 美容液 ➡ 乳液
乳霜 ➡ UV隔離
（白天）

重點1. **水分 ➡ 油分**
重點2. **水狀產品 ➡ 奶油狀產品**

為了讓化妝品有效，就要按照正確的順序使用

若有人問，只要補水和油就可以了嗎？答案是NO。補充的順序也很重要。原則上要先從以水份為主的化妝水開始。如果先補充油分，肌膚表面就會被一層油膜覆蓋，水分便無法滲透。如果肌膚在洗臉後馬上使用化妝水，水分就能夠浸潤到肌膚，接下來使用的品項就較容易滲透至肌膚。接著再使用比化妝水的油分多，但比乳液或乳霜的油份少的美容液。最後再塗上能緊鎖住滋潤的油分。當重複使用數種化妝品，就要優先使用充滿水分的液狀產品，奶油狀的產品要放在最後。以上是基本原則，不過也有建議先用乳液→再用化妝水的、以及洗臉後直接使用的各種產品。如果覺得不清楚使用方式，最好先看過說明書，或是詢問店裡的人。

紫外線也會讓
防護功能下降

常暴露於紫外線下，肌膚為了保住水分，會讓角質增厚，以區隔紫外線傷害。這樣一來，潤澤就無法深入肌膚，且保濕功能也會降低，更可能造成肌膚容易受刺激，加速肌膚乾燥。這樣肌膚的再生週期也會跟著變亂，變得容易發炎。除了保濕，UV防護也是保護肌膚防護功能必需的保養。

打造肌膚的基礎能力
➡擁有健康的細胞

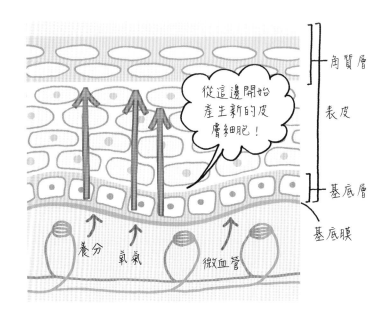

從這邊開始產生新的皮膚細胞！

角質層

表皮

基底層

基底膜

養分　氧氣　　微血管

如何發揮細胞被賦予的功能

　　肌膚是由無數細胞組成。每個細胞都要相當健康，才能發揮肌膚原本的功能，培養不輸給各種傷害的強健皮膚。但如果細胞不健康，再生週期就會亂，防護功能也會下降，全體肌膚都會產生問題。

　　包覆於肌膚表面的角質是由角化細胞（角質形成細胞）所分化出來的角質細胞，其根源就是來自於表皮幹細胞。表皮幹細胞變化成基底細胞的同時，也會自我複製。因此表皮幹細胞永遠不會消失。如果基底細胞在變化成角質細胞的第一步驟中，活性不足，那麼將無法進入第二步驟，也無法在變化的過程中，產生細胞間脂質或玻尿酸等潤澤因子。

　　此外，真皮中有真皮幹細胞，這裡會生成纖維母細胞。纖維母細胞會生產肌膚緊緻度及彈力之源，也就是膠原蛋白及彈力蛋白，也與玻尿酸的行程有關。也就是說，有活力又健康的細胞，就是健康肌膚的基礎。

Q 肌膚是如何新陳代謝？

A 表皮會再生剝落，真皮層則負責產生和分解

表皮的基底層是與真皮層相接的表皮幹細胞。此處會生成基底細胞，並會隨著細胞型態的改變，漸漸被新生的基底細胞往上推擠。過程中，基底細胞會轉化成棘細胞、顆粒細胞等，最後變成角質細胞，並覆蓋於肌膚表面，然後再透過自然再生漸漸剝落，並以新的角質細胞取代。這就是肌膚的新陳代謝。真皮層中有真皮幹細胞，會反覆產生及分解膠原蛋白及彈力蛋白，肌膚便會不斷重生。當這些細胞的生產能力降低，肌膚重生的功能也會漸漸喪失，這就是老化現象。

素肌力❶～❸彼此的關係相當深

Q 什麼是細胞保養品基因保養品？

A 就是促進細胞分裂複製的最新技術

提倡「焦點放在肌膚的基因上」、「幫助細胞修復功能」的保養品陸續登場。這類保養品能為我們做什麼？具體而言，主要是將重點放在幹細胞分裂時也會自我複製這一點，讓複製的速度加快，並幫助複製能順利進行，最後製造出新的健康細胞。此外，新技術也著重於干擾分解膠原蛋白及彈力蛋白的酵素作用，以及抑制老化的長壽基因等，但這些仍然在研究發展階段。

Q 飲食需要積極攝取什麼？

A 飲食要著重在製造細胞的是「蛋白質」！

「為了肌膚攝取維生素」很多人都這樣想，但製造細胞最重要的是「蛋白質」。我們的肌膚細胞原料約有20種氨基酸，氨基酸也是形成NMF的元素。氨基酸的總合體就是蛋白質。計較卡路里而不吃肉，是極大的錯誤。近來女性錯誤的減肥方式與飲食生活，造成許多人蛋白質不足。蛋白質是肌膚和細胞之源。雞蛋、魚、肉以及大豆等富含優質蛋白質，必須留意充分攝取。

就要做抗氧化保養

　　要打造健康的細胞，比任何事情都重要的就是飲食。細胞的生成來源蛋白質、以及蛋白質轉變成肌膚所需的能量——碳水化合物、幫助細胞轉換成健康肌膚的維生素和礦物質，以及肌膚潤澤要素的脂質等，這些物質都需要均衡攝取。

　　同時，我們也要預防給予細胞傷害的大敵，即外在因素名列第一的「紫外線」，與內在因素第一名的「活性氧」。紫外線除了會傷害細胞核外，也會產生活性氧。活性氧會氧化細胞，造成細胞功能失調，阻礙細胞再生的酵素作用，並加速老化。

　　對抗這些，需要採取抗氧化保養。以實際在肌膚塗抹維生素A、C、E，或是茄紅素、蝦紅素、多酚類等抗氧化成分，以及透過飲食攝取這些，能夠預防細胞氧化，並防止活性氧傷害細胞。此外，遠離會造成活性氧的紫外線也相當重要。正確的做法就是攝取細胞生成的來源，並預防會傷害細胞的物質。

讓肌膚不受活性氧傷害

專用的精華液

將抗氧化成分塗在肌膚上，
守護並孕育健康的細胞

維生素A、C、E與多酚類、輔酶
Q10、胎盤素等都是高抗氧化作用
的物質，可使用含有這些成分的
保養品。直接塗抹於肌膚，就能
抑制肌膚產生的活性氧，也能幫
助肌膚再生功能順暢並修復肌
膚，預防老化。肌膚原本擁有的
抗氧化能力會隨著年紀增加而降
低，而有很多美容液都能全方位
對抗皺紋及鬆弛等老化問題。

UV 防護

選擇能隔離汙染物質及含有
抗氧化成分的產品

產生活性氧的最大原因，就是紫
外線。它不僅會破壞肌膚的防禦
功能，促使黑色素生成，還會給
肌膚帶來各種不好的影響，因此
須塗抹防曬產品，使用洋傘等做
好隔離。選擇防曬產品時，最好
留意含有抗氧化成分的產品。而
和紫外線一樣會造成活性氧產生
的就是汙染物質，最近也開發出
能阻隔汙染物的產品。建議讀者
好好選擇最新的防曬產品吧。

正確的飲食

攝取含抗氧化成分的食物，
不要吃氧化的食物！

番茄的茄紅素、鮭魚的蝦紅素、
綠茶的兒茶素等，都有優良的抗
氧化成分，和含有抗氧化維生素
A、C、E的蔬菜及水果一起食用
最有效果。此外，不要吃氧化的
食物也很重要，尤其不小心與空
氣接觸後漸漸氧化的油脂。油炸
類和洋芋片等零食通通NG。亞麻
仁油、紫蘇油等對身體好的油類
開封後也要早點食用完畢。

別忘了「抗糖化」！

要和抗氧化一起注意的就是抗
糖化。雖然兩者對細胞帶來的
影響是9：1，氧化還是佔壓倒
性的影響，但糖化也不容忽
視。白飯、義大利麵等飲食，
以及甜的紅酒、啤酒等，易造
成的糖分攝取過多，這些糖分
就會和蛋白質結合而變性，造
成肌膚變硬、泛黃。平常糖分
攝取過多的人尤其要注意。

NUTRITION

健康的肌膚
需要營養的原因

- 不好好吃飯肌膚就會加速老化？
- 我們缺乏的營養是什麼？

不好好攝取養分
就不會變漂亮！

一起了解「營養的問題」吧

在日本隨時隨地都能吃到好吃和喜歡吃的食物。感覺好像會營養過剩，但事實上好像相反！？對美容意識極高的日本女性遇到的「營養問題」是什麼呢？

Problem 1 其實是「營養失調」
只重視卡路里的飲食生活導致營養失調？

　　日本有24小時營業的便利商店以及速食店，想吃東西隨時都吃得到。因此，就算說是「營養失調」，很多人還是反應不過來。其實就算肚子吃得飽飽的，不見得就是攝取營養均衡的飲食。其中最大的主因是減肥。過於在意體重，採用錯誤的減肥法、或限制卡路里導致營養狀態不佳，因此有貧血及便祕困擾的女性增多。而且現代的飲食生活，有許多垃圾食物等空熱量食品（只有熱量毫

無營養）。若不好好注意攝取養分，無論是健康的身體還是健康的肌膚，都會離我們遠去。

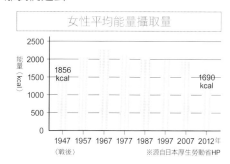

Problem 2 大家都「會吃」
吃東西和營養攝取不一樣，要先搞清楚

　　如果詢問「每餐都吃得很飽」的人，到底吃那些東西，很多回答會是，「通常都吃義大利麵，因為比較簡單」、「因為沒有時間，就吃零食填飽肚子」、「為了健康，都吃蔬菜為主」。這樣一來，只會攝取到不均衡的養分。我們所進行的調查發現，20～30歲的女性有6成都有肉類、魚類、以及大豆等蛋白質不足的傾向。如果讓自己的身體持續以不夠營養的食物填飽，那就會導致黑眼圈、暗沉以及肌膚乾燥。

只吃蔬菜	只吃零食
只吃碳水化合物	只吃單一品項（義大利麵等）

大家都「在吃」促進老化的飲食

便利商店的飯糰和冬粉湯

✎ 問題點 ✎

碳水化合物及
鹽分過多

就算熱量低，營養
也不均衡

很多人時間不夠，就選擇便利商店的食物。方便食用的飯糰有很多米飯，因此容易造成碳水化合物攝取過多。健康的冬粉雖然含有一些礦物質，但大部分還是碳水化合物。速食的冬粉湯也要注意鹽分攝取過多。營養攝取不均衡是造成身體疲勞感、體力下降、肌膚暗沉的原因。

以蛋糕和垃圾食物取代正餐

✎ 問題點 ✎

完全攝取不到身體
所需的養分

只攝取糖分無法
轉換成能量

把點心當正餐的族群，大部分都希望一次把想吃的都吃到、或者是覺得一個人生活，煮飯很麻煩。零食裡就算有熱量，也是屬於空熱量食品。只要維生素和礦物質不足，糖分就無法轉換成能量，容易引起貧血、黑眼圈和血液循環不良。

高麗菜鰻魚義大利麵加上沙拉和麵包

✎ 問題點 ✎

蛋白質不足造成
肌膚緊緻感降低

義大利麵和麵包
易造成糖分過多

這是很多人午餐會選擇的不均衡吃法。麵包和義大利麵的原料都是小麥粉。小麥粉和白米一樣是精製食品，維持這種飲食，會造成20幾歲肌膚就失去緊緻。較少蛋白質與維生素，若因為肌膚彈力的根源，也就是膠原蛋白和彈力蛋白，就是以蛋白質為主要原料。

沒有時間、減肥中、想吃自己喜歡吃的甜點等理由，如果只過著偏食的生活，體內就會加速老化！讓我們從平常容易選擇的菜色中，再次檢驗身體與營養方面的問題吧。

大量的蔬菜沙拉和湯

 問題點

就算只吃菜，身體也不會變健康

容易造成皺紋及鬆弛，表面看起來就像老人

很多減肥中的人希望健康取向，飲食只吃蔬菜，看起來好像對身體很好，但就算因此體重下降，身體也不會增加肌肉量，反而會引起皺紋、鬆弛及水腫。製造肌肉來源是蛋白質，身體能量來源則是碳水化合物，這些都須和保持肌膚水潤和光澤的脂質一起均衡攝取。

外帶的狸貓烏龍麵

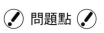 問題點

會造成血糖急速上升&急速下降

加速糖化，使肌膚老化

這幾乎只有碳水化合物和脂質的不良菜單。烏龍麵和天婦羅的麵衣都是小麥粉製品，吃下去血糖就會上升。血糖急速上升後會造成反動急速下降，這會使腦部再度需要糖分，而形成容易肥胖的惡性循環。會導致肌膚乾燥和鬆弛、變硬等，身體糖化（參考P27）持續進行。

現在立刻矯正偏食的飲食習慣！

方便的菜色大多以碳水化合物為主，很容易就變成糖分和脂質攝取過多。相反的，能製造血液、肌肉和皮膚的蛋白質卻不夠。而且為了讓糖分轉換成能量，需要富含維生素B_1的豬肉和發芽米，而脂質代謝則需要富含維生素B_2的魚類和蛋。當體內這些物質不足時，碳水化合物和脂質就會轉換成中性脂肪，囤積在體內，身體就容易變胖，引發肌膚提早老化的糖化症狀也會出現。吃飯時不要只選擇單一種類，要選擇能夠攝取到各種食材的菜色。

Problem 3 「熱量減肥」會引起老化

體重和肌肉量會一起減少，臉部肌膚立刻變老

限制卡路里的減肥法就是控制碳水化合物和高卡路里的肉和魚的攝取量，各位不覺得這就是抑制飲食量嗎？不過這樣一來，肌肉和體重會一起減少，胸部和臀部及支撐笑臉的表情肌功能都會減退，肌膚會變得鬆弛。甚至，由於飲食量不足，還會造成便祕。如果糞便無法好好排出，體內就會持續吸收毒素，全身上下的肌膚會從內部開始老化。

此外，BMI值在18.5以下，體重過低的女性，其血液中的脂肪量也會下降。這樣讓女性肌膚閃亮及頭髮生成來源的女性賀爾蒙的量也會減少，不僅肌膚會暗沉乾燥，連骨骼都會脆化。像這種不好好吃飯的熱量減肥法，不僅不會變漂亮，還會讓女性老化。

■ BMIの出し方

BMI＝體重〔kg〕÷（身高〔m〕×身高〔m〕）

區別	BMI
一般體重	18.5～未滿25
肥胖度1	25～未滿30
肥胖度2	30～未滿35
肥胖度3	35～未滿40
肥胖度4	40以上

BMI指數就是計算肥胖度的公式，並以肥胖度1～4四個階段來區別。BMI值18.5以下被視為是低體重、低營養和臥床不起的老年人一樣。飲食所攝取的養分會提供給內臟及用來維持生命，剩餘的才會提供給肌膚，如果營養狀態不良，肌膚的狀態當然也會變差。

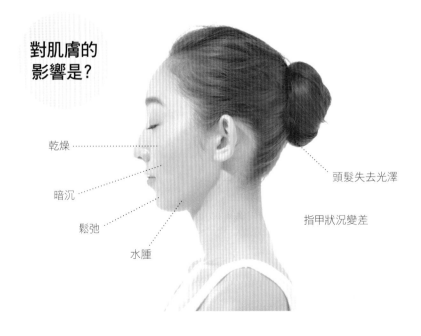

對肌膚的影響是？

乾燥

暗沉

鬆弛

水腫

頭髮失去光澤

指甲狀況變差

「體重」只是假象的數字

體重 ＝ 水分 ＋ 骨骼＋ 肌肉 ＋ 脂肪

肌肉 1kg ＞ 脂肪 1kg

　　女性對於體重的增減相當敏感。但體重並不能決定身材好壞。舉例來説，在同樣的質量下，肌肉比脂肪重1.2倍，肌肉量較多的選手體重通常比看起來重。如果以BMI值和體脂肪率為標準，那就能夠擁有健康美。

　　調查日本第一美女的體脂肪率，得到這樣的結果。葫蘆身材的標準是體脂肪率在21%（±2）。當體脂肪為17%以下時，有可能造成停經，須要注意。此外，外表看起來苗條，但是體脂率高、隱性肥胖的人也要注意。人體的水分約佔60%。女性在月經前身體會有段時間水腫，每個月都會有2kg左右的體重增減。因此，完全不需要為體重的增減或喜或憂。

比起體重，人看起來漂不漂亮更重要！

看起來熱量好像很高，但是……

■ 碳水化合物
■ 脂質
■ 蛋白質

1g的糖分含3g的水，如果除去碳水化合物，水分就會被排出，體重就會瞬間下降。但碳水化合物內也含食物纖維，會對腸道環境有所影響。與其不吃碳水化合物，不如先吃菜，採取不讓血糖值急速上升的吃法才是上策。再來，減肥中不可或缺的營養就是蛋白質。要均衡攝取肉類、魚類、蛋、豆類等，讓肌肉量不下降。攝取能讓肌膚保持潤澤的高品質油脂（脂質）也是必須的。

健康肌膚必需的營養素

有健康的身體才能打造健康的肌膚！因此，先決條件就是我們要瞭解這些必需營養的功效。請先了解碳水化合物、脂質、蛋白質、維生素、礦物質、食物纖維，這幾種營養素各自的功能吧！

〔值得注意的營養素〕

胚芽米

- 碳水化合物
- 維生素
- 礦物質
- 膳食纖維

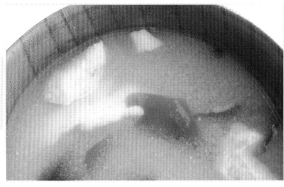

海帶
炸豆腐
味噌湯

- 蛋白質
- 脂質
- 礦物質
- 膳食纖維

烤魚

- 蛋白質
- 脂質
  （必須脂肪酸）
- 礦物質

3大營養素

碳水化合物、脂質、蛋白質是支持人類活動不可或缺的物質。這些物質會轉換成能源，也是組成身體和肌膚的源頭，因此均衡攝取、不要過與不足。

1 碳水化合物

碳水化合物對我們的腦部和身體是主要的能量來源。它在體內被消化後，轉換成能量「糖」，而無法被體內消化的「膳食纖維」會排出體外。糖分在體內換轉成葡萄糖，被身體吸收後就會馬上轉變成能量。此外，糖分對腸道細菌而言也是豐富的食物來源，而膳食纖維則身負整腸的大任。

➡ ✎ 攝取不足會怎麼樣？ ✎

會造成身體能量不足，導致容易讓身體變瘦的乳酸菌減少!?

如果相對於身體活動量的碳水化合物不足，身體能量就會不夠。這樣一來，不僅身體容易覺得疲勞，也可能變成易胖體質。最近的報告指出，如果腸道內細菌所喜歡的糖分以及膳食纖維不足，則體內具有美肌和減肥功效的乳酸菌也會減少。

2 脂質

若說油＝脂質，給人強烈印象或許就等於肥胖。不過，脂質能讓腦部功能運作正常，而且它負責形成細胞膜，還能維持體溫。美肌成分中的「神經醯氨」來源就是脂質中的必需脂肪酸。賀爾蒙是讓女性身體具女人味以及擁有柔軟肌膚的關鍵，而它的來源即脂質中的膽固醇。不過，脂質種類相當多。最重要的是選擇好的脂質並適度攝取。

➡ ✎ 攝取不足會怎麼樣？ ✎

肌膚粗糙、過敏等症狀會更嚴重

如果不攝取脂質，維持肌膚水分的神經醯氨就無法製造，肌膚會一下子失去光澤。此外，若採取極端手段隔絕脂質，體脂肪會下降，導致賀爾蒙分泌不正常，甚至引起月經失調等。脂質和抑制體內發炎有關，如果脂質不夠，也可能讓過敏體質或過敏症狀更嚴重。

3 蛋白質

血液、肌肉、賀爾蒙、皮膚和頭髮等，構成我們身體的主要原料就是蛋白質。它能促進氧氣運輸至全身、提高免疫力，同時也是膠原蛋白和彈力蛋白的原料，對維持健康和美容是不可或缺的存在。蛋白質就是氨基酸的集合體，人類身體大約由20萬種氨基酸構成。其中有9種氨基酸無法由人體合成，必須靠每天飲食攝取。

➡ ✎ 攝取不足會怎麼樣？ ✎

肌膚彈力和潤澤度都會下降。全身也會加速老化

肌膚、頭髮和指甲等「美麗的零件」都是由角蛋白這種蛋白質構成。膠原蛋白、彈力蛋白和天然保濕因子（NMF）也是蛋白質。當蛋白質不足，肌膚皺紋、鬆弛和乾燥就會加速，造成肌齡比實際年齡還老。還會引起水腫、掉髮和貧血等。

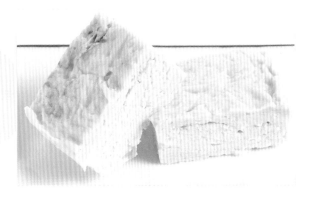

玉子燒

蛋白質
脂質
（必須脂肪酸）
維生素
礦物質

納豆

蛋白質
維生素
礦物質
膳食纖維

水煮青菜

維生素
礦物質
膳食纖維

常識！

和風飲食果然能夠打造美肌！

白飯配味噌湯、烤魚、納豆等醃漬物，營養均衡的和風飲食就是美肌寶庫。攝取了讓肌膚有光澤的優良蛋白質，而味噌、納豆、醃漬物等發酵食品能促進食物消化吸收，具有增加腸道內細菌的效果。

每天選擇一餐吃營養均衡的和食吧！

副營養素

幫助3大營養素代謝的就是維生素、礦物質及膳食纖維等副營養素。沒有這些副營養素，攝取再多的營養，也無法打造健康的身體和肌膚。我們身體功能就是由這些副營養素作用在維持的。

4 維生素

維生素與碳水化合物、脂質、蛋白質的代謝有關，它能讓細胞活化，提高免疫力並改善體內血液循環，雖然相當微量，但卻是維持人體生命的必須養分及輔酶。它擁有強烈的抗氧化作用，能預防皺紋和斑點及面皰，且具有阻止肌膚老化的功效。維生素又分易溶於水的水溶性和易溶於脂的脂溶性兩種，各個料理方式必須留意。

 攝取不足會怎麼樣？

造成皮膚粗糙和長滿面皰！還會加速肌膚老化。

如果維生素攝取不足，3大營養素就很難在體內轉換成能量，會引起身體倦怠感和焦慮。同時養分也無法送達肌膚，進而導致膠原蛋白的原料不足，造成肌膚皺紋和鬆弛、產生斑點等老化跡象。且皮膚粗糙和面皰也不容易痊癒。

5 礦物質

和維生素一樣，支持3大營養素作用的就是礦物質。它是骨骼和牙齒的原料，和細胞新陳代謝、負責運送氧氣到全身的血紅素、及賀爾蒙、膠原蛋白等合成有關，是維持身體和皮膚功能正常的必須養分。鈣質、鐵質和鋅等這幾項代表性礦物質，富含於海藻、海鮮類和豆類食品中。常吃外食的人如果不特別留意攝取，馬上就會不足夠，因此一定要注意。

 攝取不足會怎麼樣？

肌膚會暗沉、骨骼和牙齒、頭髮以及指甲都會脆化。

礦物質不足的人，骨骼、牙齒、頭髮和指甲都會脆化。也很容易引起貧血，造成體內氧氣不足，肌膚看起來暗沉，眼睛也容易有黑眼圈。礦物質對合成膠原蛋白、角蛋白以及幫助維生素作用是不可或缺的存在，因此要記得攝取海鮮類。

6 膳食纖維

膳食纖維就是無法於體內消化、會排出體外的物質的總稱。它最為人知的作用就是促進腸道蠕動幫助排便，不過，它同時也能夠幫助平衡脂和糖分吸收，具有抑制血糖上升的效果，如果攝取糖分時同時攝取膳食纖維，能抑制造成皮膚老化和僵硬的糖化症。對整頓腸內細菌平衡與營養吸收相關等，它也是不可或缺的養分。

 攝取不足會怎麼樣？

會造成便祕皮膚粗糙……而且老化會從身體內開始加速。

當膳食纖維不足，腸道蠕動就會變慢，引起便祕。如果大便無法排出體外，毒素就會在身體內循環，讓老化提早發生。因為腸道環境惡化，精心攝取的養分便無法順利吸收，這也會助長肌膚粗糙和乾燥與暗沉。

碳水化合物

好消化、能夠輕鬆補充能量的營養素就是碳水化合物。不過最近它被認為是造成肌膚和身體提早老化的糖化症狀主因，並被視為減肥的大敵，很多人對它敬而遠之。但如果要維持健康的身體，並擁有水潤飽滿的肌膚，那麼碳水化合物也是必須的養分。

維持生命不可或缺的——碳水化合物。若攝取過多，也會帶來不良影響!?

提到碳水化合物，就會讓人想到米飯、麵包、麵類等，不過，果糖和砂糖等糖類也是碳水化合物的一種。碳水化合物又分——可在體內分解，能成為能量的「糖分」，以及無法分解會被排出體外的「膳食纖維」。糖分會轉換成葡萄糖，成為將氧氣運送到腦部、肌肉以及全身的能量，這是對維持生命有幫助的養分。碳水化合物還能改變腸道環境，具有幫助美肌的功效。

能吸收製造美麗肌膚和頭髮養分的就是腸道。腸道內有1000兆個以上的腸內細菌，專門提供人類無法製造的維生素和礦物質。這些腸道細菌的養分來源，就是碳水化合物等內含的糖分。即使如此，還是要注意不要過量攝取碳水化合物。因為沒有被使用的糖分，就會轉換成中性脂肪，儲存在體內。而飯後血糖值會急速上升，也是造成糖份和蛋白質結合「糖化」症狀的主因。糖化會讓維持肌膚彈力的膠原蛋白固定膠著，造成肌膚皺紋、暗沉、變硬，讓肌膚老化加速。為了肌膚和身體，並抑制血糖值上升，最重要的就是要適度攝取未精製的碳水化合物以及水果。

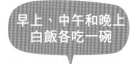

含碳水化合物的食品如

玄米、米、年糕、麵包、蕎麥、烏龍、義大利麵、馬鈴薯類、砂糖、餅乾、蛋糕

～等

早上、中午和晚上白飯各吃一碗

在攝取碳水化合物時，最重要的是預防血糖急速上升。如果早餐不吃，一天的血糖值就很容易上升，因此早、中、晚都要均衡攝取。標準量是一碗，約240大卡。請選擇不會讓血糖上升的發芽米或多穀米為佳。若要減肥，早上和中午要好好吃，晚上再吃少一些。

新常識！

「去糖減肥」的真相

不覺得「去糖=去碳水化合物」的減肥怪怪的嗎？事實上，碳水化合物分成容易變胖和不容易變胖的。小麥粉、精製白米和白砂糖等「白色」的碳水化合物容易讓血糖上升，也容易變胖。而玄米等「褐色」的不容易讓血糖上升，所以不容易變胖。如果要美容，不是「完全不吃」，而是要選擇不容易胖的碳水化合物。

碳水化合物不是惡魔！只是要選擇並適量攝取

3大營養素 — ②

脂質

我們每天的飲食總會在不知不覺中，攝取過多油分=脂質。這些油脂又分為對身體好的、以及會給身體帶來不良影響的。如果要維持健康的肌膚，大前提就是要攝取優良的脂質！水潤的肌膚關鍵就是脂質的選擇。

如果想要平滑又潤澤的肌膚，就要好好攝取脂質

3大營養素中能夠產生最多能量的是脂質。如果攝取過多，當然會胖，不過這只是脂質的一個小部分。存在體內的脂質主要分為「中性脂肪」、「磷脂」以及「膽固醇」，中性脂肪是儲存起來的能量，負責維持體溫；膽固醇可製造出「賀爾蒙之母」的DHEA，就是製造有光澤的肌膚和頭髮的女性賀爾蒙原料。此外，磷脂和膽固醇能促進抗氧化力強的維生素的吸收，預防老化。

脂質負責相當重要的工作，因此它的攝取方式很重要。首先介紹油分（脂肪）的基礎知識。植物油等在常溫下為液狀的就是「不飽和脂肪酸」，不飽和脂肪酸中有人體能夠製造出的「非必需脂肪酸」和人體不能自己製造的「必須脂肪酸」。當必需脂肪酸不足時，肌膚和頭髮的光澤就會受損，甚至影響賀爾蒙分泌。而如果攝取過多必需脂肪酸，會促使身體發炎，必需脂肪酸中也含有亞麻油酸（Ω-6脂肪酸）所以要注意（參考右下方專欄）。好好攝取脂質，就是邁向健康肌膚的第一步。

> **含脂質的食品如**
>
> 橄欖油、胡麻油、玉米油、紫蘇油、奶油、豬油、芝麻、榛果
>
> ～等

不要吃的油反式脂肪！

要保持肌膚潤澤和維護防護機能，脂質是必須的。但咖啡用的牛奶和人造奶油中所含的反式脂肪，不僅會提高心肌梗塞和腦梗塞等動脈硬化的風險，還會引發排卵障礙。排卵功能障礙是不孕症的首要原因！對女性而言，反式脂肪是不可攝取的油脂。

新常識！

要多攝取的油是……
Ω-3系列的油

紫蘇油和亞麻仁油等含有的α-亞麻酸（Ω-3）能抑制發炎症狀，讓血液暢通。這種油不耐熱，最好直接淋在沙拉上食用。它還能提高黃綠色蔬菜中的脂溶性抗氧化成分，如茄紅素及維生素的吸收。而能夠讓壞膽固醇值下降、預防動脈硬化的橄欖油等油酸（Ω-9）也相當推薦。

新常識！

要減少攝取的油是……
Ω-6系列的油

外食、加工食品中，最常使用的油就是豬油、葵花油和紅花油等亞麻油酸（Ω-6）。這種油如果氧化，很容易變成會促進發炎的物質，也可能造成皮膚粗糙和過敏體質等過敏症狀更嚴重。現代人對Ω-6和Ω-3的攝取比率為20：1，似乎有過度攝取的傾向。應該要朝向理想的4：1邁進。

3大營養素 — ③

蛋白質

人類的身體是由蛋白質組成。不管是內臟、血液還是肌肉、皮膚、頭髮等,全部都是以蛋白質為原料。因此,每天都要好好攝取蛋白質,才能打造健康的身體。因為美麗的肌膚是由健康的身體生成的。

蛋白質是打造身體的基石，好好攝取就能擁有健康又強韌的肌膚

我們的身體有6成是水分，剩下的部分約有7成是蛋白質構成。心臟等器官、骨骼和肌肉、皮膚都是由蛋白質形成，蛋白質也和酵素、賀爾蒙以及DNA有關。蛋白質事實上它含有人體無法自行製造的成分。如「必須氨基酸」。人體內的蛋白質約由20種氨基酸以複雜的排列所組成。其中，人體無法自己合成的9種氨基酸，稱為必須氨基酸，這些只能從飲食中攝取。當必須氨基酸不足時，肌肉量就會減少，這也是皮膚有皺紋和鬆弛的原因。而保持肌膚水分所不可或缺的NMF（天然保濕因子）、支撐肌膚緊緻度和彈力的膠原蛋白和彈力蛋白的原料也是氨基酸。如果攝取充足的蛋白質，提高氨基酸的供給量，就能提高「保濕力」、「彈力」和「柔軟度」等美肌條件，並促進肌膚再生週期，打造出健康強韌的皮膚。

富含蛋白質的食物有肉類、魚類和大豆、雞蛋等各式各樣，而食品內含的氨基酸種類也相當多。讀者可參考將均衡的氨基酸數字化的「氨基酸分數表」（參照P123～），更有效率地攝取氨基酸。

> **含蛋白質的食品如**
> 雞蛋、牛肉、豬肉、
> 雞肉、魚類、貝類、
> 魚卵、豆腐、納豆、
> 起司、優格
> ～等

蛋白質就是氨基酸的集合體

氨基酸就像構成蛋白質的磚瓦。由100個單位的氨基酸集合而成，這就是蛋白質。而在100個氨基酸以下的結合體就是最近常聽到的胜肽。這些物質被分解為氨基酸後，就能夠被身體吸收，因此若是氨基酸個數較少的胜肽、或是氨基酸個體，對腎臟和肝臟而言，能以較小的負擔吸收。

新常識！

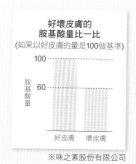

好壞皮膚的胺基酸量比一比
（如果以好皮膚的量是100做基準）

胺基酸量

100

60

好皮膚　壞皮膚

※味之素股份有限公司

氨基酸能夠打造健康又美麗的肌膚、頭髮和指甲！

皮膚、頭髮和指甲都是由角蛋白這種蛋白質構成，如果充分攝取構成蛋白質的氨基酸，就能夠打造健康的肌膚和頭髮。氨基酸是維持肌膚水分的NMF（天然保濕因子）的原料。有研究報告指出，如果增加氨基酸的攝取量，肌膚的含水量也會增加。此外，能夠控制黑色素形成、並預防斑點的半胱氨酸也是氨基酸的一種，具有從體內預防日曬的效果。

副營養素 — ④

維生素

如果想要有看起來永遠年輕、貌美的肌膚，
那就要好好攝取抗老化效果極佳的維生素。
肉類或魚蝦類、蔬菜及水果等，食材當中含
有各種維生素，首先要先了解這些維生素的
功能，才能對解除肌膚煩惱有幫助。

為了美肌，每天都要均衡補充維生素！

維生素是幫助碳水化合物、脂質和蛋白質代謝的輔酶，對維持健康、美容和發育是不可或缺的存在。維生素的種類當中，能夠溶於水的「水溶性維生素」有9種，和油分一起攝取能提高其吸收率的「脂溶性維生素」有4種（維生素A、D、E、K），維生素也擁有各式各樣的功效。首先先了解各種維生素的作用吧。

讓肌膚從內開始有彈力的是維生素A。同樣會使用於對抗皺紋保養品的視黃醇就是維生素A的一種。提供細胞能量的是維生素B群，它被稱為是「皮膚科的維生素」，能為肌膚和頭髮帶來彈力，並改善皮膚粗糙和面皰。大家都知道維生素C是「美容維生素」，有高抗氧化作用，能預防斑點、提高膠原蛋白合成及身體的免疫力。而「能夠變年輕的維生素」就是維生素E，它能保護紅血球，遠離促進老化的活性氧，並促進血液循環。還能夠調整賀爾蒙分泌。而最近，最受到矚目的就是能讓皮膚復原、也能用於治療過敏性體質的維生素D。這項維生素是透過曬太陽在體內生成，因此需要適度的日光浴。總結維生素對於皮膚而言，是不可或缺的養分。

> **預防肌膚問題，生物素備受矚目**

生物素是由腸道細菌製造出的一種維生素，具有預防皮膚炎的效果。投予大量生物素的「生物素療法」就是用來治療過敏等肌膚問題。由於生物素也與膠原蛋白合成有關，在美國以「美肌維生素」聞名。

含維生素的食品例子

維生素A
鰻魚、肝臟、胡蘿蔔

維生素B群
發芽米、豬肉、納豆、肝臟

維生素C
檸檬、柳橙、辣椒

維生素D
鮭魚、秋刀魚、雞蛋、香菇類

維生素E
鱈魚子、南瓜、酪梨

～等

> **新常識！**

奶昔狀的酵素對美容沒有效果？

充滿酵素的奶昔應該對美容很好？在美國，只要提到酵素，指的就是幫助消化的「消化酵素」，但在日本指的是蔬菜或水果發酵後的"發酵精華"或代謝酵素。發酵精華中含有維生素和礦物質微生物，對腸胃健康有幫助，但是這奶昔狀和酵素是不一樣的！

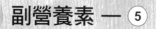

副營養素 — ⑤

礦物質

要維持身體和肌膚健康，不能欠缺礦物質。
但偏頗的飲食生活和壓力，常導致多數人的
礦物質不夠。強健的骨骼和牙齒、玫瑰色臉
頰以及有光澤的頭髮，這些都是礦物質的功
勞！

女性普遍礦物質不足！但健康的身體、有光澤的肌膚都是拜礦物質所賜

　　「容易疲勞」、「肌膚暗沉」，這些有可能是因為礦物質不足？礦物質是骨骼和血液的原料，人類身體的成長和維持不可或缺的「必須礦物質」有16種，每一種都有重要的功能。最具代表性的一種就是鈣質。鈣質99%用於形成骨骼和牙齒，其餘用於肌肉伸縮、穩定神經、賀爾蒙分泌及抑制過敏等與維持身心健康有關。鎂與蛋白質合成有關，能夠為身體和皮膚帶來活力。血紅素能將氧氣輸送至全身，負責形成血紅素的就是鐵質。每個月有月經的女性容易流失鐵質，為了防止貧血以及擁有氣色佳的肌膚，礦物質是必須積極攝取的養分。與細胞新陳代謝相關的鋅能夠促進肌膚再生週期，讓肌膚和頭髮擁有光澤，屬於美的礦物質。它和鐵質一樣容易不足，當富含鋅的牡蠣處於盛產期時，就好好補充吧。鹽分攝取過多或常吃外食的人、容易水腫的人等，就要攝取能夠調整體內水分平衡的鉀。最近很多人因為偏食或食物中含的礦物質太少，容易導致礦物質不足，但缺乏礦物質和攝取過多都會影響健康，所以最重要的是均衡攝取。

含礦物質的食品例子

鈣質
優格、起司、羊栖菜

鎂
榛果、大豆、發芽米

鐵質
紅肉、紅肉魚、小松菜、大豆、羊栖菜、貝類

鋅
牡蠣、肝臟、鰻魚、牛肉

鉀
海藻類、酪梨、鰹魚

～等

應每週攝取3次海藻類

飲食生活歐美化之後，日本人喝味噌湯的機會急速減少。因此海藻類的攝取量也降低了，導致碘和鉀不足的女性急速增加！這些礦物質能夠提高代謝，消除水腫，想擁有俐落的身材和漂亮的臉部線條，這些都不可或缺。須留意每週約攝取3次的海帶芽或昆布等海藻類食物。

新常識！

有些礦物質對身體有害？

礦物質又可分為像鈣質或鐵質等「有益礦物質」，以及水銀、鉛等「有害礦物質」。有益的礦物質不足時，有害的礦物質就容易囤積，引發過敏或慢性疲勞等。但如果身體充滿鈣、鐵、鋅等有益礦物質，有害的礦物質就無法囤積於體內，會被排出，因此要留意別讓身體內的有益礦物質不足。

副營養素 — ⑥

膳食纖維

膳食纖維是體內的清道夫。它能讓腸道內有
害物質排出，是預防便祕及腸道疾病的最佳
朋友。但是，提倡脫離和食的現代，如果不
留意攝取，瞬間就會造成膳食纖維不足。具
有消除便祕、美機和抗老化效果的膳食纖
維，如果不吃的話將會是你的損失。

利用膳食纖維的力量，
從腸道開始變美！
美肌&抗老化

　　每天不可少的膳食纖維可分為溶於水的「水溶性膳食纖維」以及不溶於水的「非水溶性膳食纖維」。水溶性膳食纖維會成為腸道內好菌的食物，透過產生酸性物質抑制壞菌繁殖，幫助清理腸道環境。另一方面，非水溶性膳食纖維會吸收水分並膨脹，並刺激腸道蠕動促進排便。

　　膳食纖維能穩固脂質和糖分的吸收，抑制血糖上升，讓膽固醇值下降。在攝取糖分時和膳食纖維一起攝取，就能預防肌膚泛黃、變硬等造成老化的糖化症。此外還能提高免疫功能，在意肌膚粗糙或乾燥的人應積極攝取。

　　有別於膳食纖維，目前受矚目的「植物化學」，是在植物性食品內含的色素或香料等有效成分。植物化學能夠預防體內活性氧對身體造成的氧化，對女性而言是相當重要的物質。具代表性的有大豆製品中富含的異黃酮。這項物質被認為和女性賀爾蒙有類似功效，並具有美肌效果。紅酒內的多酚和綠茶的兒茶素，以及黃綠色蔬菜中的紅色或橙色色素成分如胡蘿蔔素或茄紅素等，這些物質的抗氧化功效相當好，能預防老化。

含膳食纖維的食品例子

水溶性
海藻類、納豆、水果、蔬菜

非水溶性
蘿蔔乾、大豆、穀類、牛蒡、馬鈴薯類、香菇類

～等

穀類是過敏的原因？

攝取穀類補充膳食纖維的人，要留意食物過敏。穀類麥片的原料是小麥，小麥含有分子量極大的小麥麵筋蛋白質。小麥麵筋很容易對腸道造成負擔，而且小麥原本就很容易成為過敏原。如果持續食用，有可能會出現肌膚粗糙、過敏症狀或頭痛等。

新常識！

沙拉不加油類調味，錯NG

蔬菜中佔大量美容成分的就是胡蘿蔔素、茄紅素和葉黃素等，這些黃綠蔬菜色素中的抗老化成分，就是植物化學。而為我們去除身體內部生鏽腐蝕的植物化學物質是脂溶性的，故攝取油脂會讓這些物質的吸收率提高。吃沙拉的時候，一定要加油調味。如用亞麻仁油等Ω-3系列、或橄欖油等調味，那麼抗氧化作用會更佳。

DOI:10.1002/mnfr.201100687

以「彩虹色」飲食法為目標

紅色

番茄、紅蘿蔔、辣椒（紅）、蘋果、草莓、西瓜、櫻桃、鰹魚、螃蟹、蝦子

黃色

南瓜、甜椒（黃）、香蕉、葡萄柚、柳橙、檸檬、芒果、雞蛋

綠色

綠花椰、蘆筍、青椒、菠菜、水菜、高麗菜、韭菜、秋葵、奇異果

白色

洋蔥、蘿蔔、白花椰、蕪菁、馬鈴薯、生薑、白肉魚、雞肉、豆腐、優格

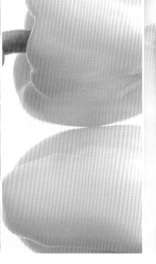

高抗氧化作用能抑制老化

番茄的茄紅素、紅蘿蔔的β-胡蘿蔔素，植物的紅色色素具高抗氧化作用。蝦子和螃蟹的蝦紅素抗氧化作用也很強，能夠延緩老化速度。

去除活性氧、預防斑點

檸檬和柳橙等柑橘類含有大量能去除活性氧的維生素C。而且這些食物的β-胡蘿蔔素也相當豐富，能調整肌膚再生週期，且具有抑制黑色素生成的功效。

預防貧血、提高免疫力

綠色蔬菜是葉酸的寶藏，能讓血液順暢，且具美肌效果。菠菜含鐵質，綠花椰則有豐富的維生素A、C、E等抗氧化成分。但這些食物不耐熱，因此要迅速加熱。

讓身體和肌膚提高防禦功能，變得更健康

蘿蔔、白花椰等十字花科蔬菜具有抗氧化及抗菌作用。洋蔥和生薑的刺鼻氣味及辣味能夠提高免疫力，具促進代謝的效果，能幫助蛋白質消化。

營養均衡的飲食就是好好攝取6大營養素，用顏色來選擇也是很好的方式。每天保持最少吃到5種顏色，就能有健康的身體和肌膚。

紫色

茄子、
紫高麗菜、
芋頭、葡萄、
藍莓、無花果、
石榴、紅豆

黑色

黑芝麻、
黑豆、蒟蒻、
黑棗、葡萄乾、
海蘊、海帶群

咖啡色

牛蒡、香菇、
鴻喜菇、舞菇、
味噌、納豆、
玄米、榛果、
豬肉、牛肉

> 飲食要注意顏色，均衡攝取。每餐都以吃到5種顏色為目標。

對抗眼睛疲勞及抗老化

紫色蔬菜和水果有大量抗老化的植物化學成分。具有抗氧化、降血壓的效果，最適合對抗老化。尤其是藍莓，對舒緩眼睛疲勞也有相當效果。

黑色食材富含美肌成分

黑色食材的多酚相當豐富，可保護身體不受氧化侵襲，並具有修復細胞的作用。黑芝麻富含維生素E、鈣質和鋅，黑棗則富含鐵質。都是打造美肌所必需的。

整頓腸道環境，朝美肌邁進！

香菇類富含維生素D，能降低流感感染機率，還能預防乳癌、大腸癌。每天攝取味噌和納豆等發酵食品，就能整頓腸道環境。

※Urashima M,et al.Randomized trial of vitamin D supplementation to prevent seasonal influenza A in schoolchildren. Am J Clin Nutr. 2010 May; 91:1255-60

SKIN CARE

評估自己
真正的膚質

- 膚質可以改變嗎？
- 屬於乾燥肌的人逐漸增加？

按步驟做肌膚
保養，誰都能讓
皮膚變健康

膚質可以改變嗎？

「YES」

　　雖然皮膚好的人常說「感謝父母給我這樣的皮膚」，不過，膚質絕不只有遺傳因素決定。年齡、飲食和保養等後天因素也有很大關聯。膚質是由皮脂量和保水力的平衡來決定，如果持續以錯誤的方式保養，就算是健康正常的肌膚，也可能變成乾燥肌或油性肌。

　　肌膚也很容易反應出氣溫和溼度等外在要素，因此夏天和冬天的膚質都會有所改變。如果能好好應對這些反應，就能擁有不生病的肌膚。如果你現在有肌膚困擾或肌膚出現問題，這有可能是你目前的保養方式有誤。不過不需要擔心。如果現在開始改用適合自己膚質的保養方式，每個人都能擁有健康的肌膚。

決定膚質的是

性別	賀爾蒙
年齡	體溫
飲食	氣溫
生理時鐘	睡眠
運動	保養

～等

膚質的兩大關鍵？

皮脂量　　保濕能力

不讓滋潤　　製造水潤
流失的能力　　的能力

　　評估肌膚狀態的2大關鍵，就是皮脂量和保濕力。皮脂整體有95%來自於皮脂腺的脂肪，另外5%為表皮所生產。皮脂量能夠決定肌膚是有黏性的還是粗糙的，而且它也有保護水分不流失的功能。保濕力指的是肌膚生成水潤、及維持的能力。只要觀察皮脂量和保濕力是否平衡，就可以知道自己的膚質。

了解自己的膚質

利用皮脂量和保濕力的平衡度,可將肌膚分成4種類型。需配合後面的確認選項,現在先仔細確認自己的肌膚類型吧。

一般膚質
(normal skin)

潮濕潤澤
能對抗問題的膚質

保水力高,肌膚含水又潤澤。擁有不容易產生肌膚問題的適度皮脂量,有很棒的彈力支撐肌膚。由於皮脂量和保濕力相當均衡,肌膚很容易適應氣溫或溼度等季節性變化,能好好應對外在因素的改變幅度。可說是善於對抗肌膚問題的皮膚。

少 (含脂量低)

皮脂量

高（濕潤）

低（乾燥）

乾燥膚質
(dry skin)

皮脂量和保濕力都很低,
很容易受到外界刺激

皮脂量和保濕力低,不易適應季節變化。夏季皮膚的皮脂量和水分會上升,肌膚狀況會變好,但是冬天一到,皮脂量和水分就會減少,肌膚甚至會乾到像擦拭粉末一樣。此外,肌膚的防護功能也很弱,很容易受到外界刺激而發炎。由於皮脂量低,毛孔較不明顯,但很容易產生小皺紋。

保濕力

好好檢視每天
變化的膚質

油性膚質
(oily skin)

**皮脂量和保濕力都很高，
善於抵抗外界刺激**

皮脂量和保濕力都很高的就是油性膚質。雖然肌膚很濕潤，但是肌膚特徵就是很容易泛油光，油脂過多。油性肌膚由於大量皮脂將皮脂腺推開，毛孔很容易擴張。相對的，就不容易有皺紋。在氣溫和濕度都很高的夏季，由於肌膚的皮脂增加過多，很容易長面皰。

多（含脂量高）

乾燥性油性膚質
(inner dry skin)

皮脂量雖多，但潤澤度不足。易產生乾燥型面皰。

有皮脂量，但保濕能力低的類型。一眼望去好像皮脂旺盛，以為是油性肌膚，但由於肌膚內部潤澤度不足，肌膚很明顯不夠緊緻，會有小細紋。會隨著年紀增加，保水力更低，要十分注意。油性膚質的人若年輕時的保養習慣一直持續下去，很容易變成這種膚質。

出乎意料的多!?
「combination skin」
混合性膚質的人急速增加

除左列4種肌膚類型外，出乎意料的是「混和性膚質」的人也很多。這是指肌膚同時有皮脂量多的部位和乾燥的部位。這種類型的肌膚如果持續錯誤的保養方式，就會變成油性肌膚或乾燥型肌膚，據說超過30歲後會因為賀爾蒙分泌的關係，轉變成混和性肌膚的人也增加了。

「dry skin」確認清單
（乾燥膚質）

☐ 洗臉後，如果什麼都不擦，臉會緊繃

☐ 早上起床時，覺得肌膚粗糙

☐ 皮膚稍微抓一下就紅

☐ 小皺紋很明顯

☐ 肌理很細緻

☐ 不容易有面皰

保養的重點是？

皮膚會因洗臉而洗去過多油脂，保養需要補充水分和油分

皮脂量和含水量都少的乾性肌膚，保養時要加上化妝水，並選用含有神經醯氨、玻尿酸等保濕成分的美容液，藉此提高肌膚的含水量。乳液或乳霜的油分就類似皮脂膜的作用，能夠強化防護功能。此外，極乾燥肌要使用不會洗去太多皮脂的洗面乳，預防皮脂和水分流失。

常識！

乾燥肌膚很容易變成敏感肌？

如果肌膚較敏感，洗完臉使用化妝品，有時臉會覺得刺刺麻麻的，但是外表看不出任何異狀。這是因為肌膚的皮脂量和水分突然明顯下降，導致肌膚防護功能降低而引起。這時候肌膚無法區隔外界進來的異物，除了會覺得有癢癢的刺激感外，肌膚內部的水分也會流失。因此，原本皮脂量和保濕力都不好、乾性肌膚的人，就很容易變成敏感肌。

「oily skin」確認清單
（油性膚質）

☐ 洗臉後，皮膚表面馬上出現油光

☐ 外表看起來油油亮亮的

☐ 毛孔容易粗大

☐ 肌膚有點硬，不夠柔軟

☐ 早上起來時，肌膚黏黏的

☐ 午休時不補妝不行

保養的重點是？

要減少油分。
白天也需要採取皮脂對策

皮脂量和含水量都很充足的油性肌膚，要讓皮脂不要再增加分泌，最重要的就是要注意保養時不要再補充過多油脂。洗臉的時要確實洗去皮脂，並選擇清爽的乳液或乳霜，盡可能讓皮脂和水分平衡。白天可用吸油面紙將浮於臉部的皮脂吸除，這控制出油也很有效。

常識！

有面皰，不見得就是油性肌膚

就算臉部長面皰，不一定就是皮脂量多。乾燥肌膚的人也會長面皰。到底面皰是怎麼長出來的？首先，毛孔開口的角質會變厚，因而造成毛孔堵塞。接著毛孔內部開始堆積皮脂，然後痤瘡桿菌繁殖，進而形成面皰。想要不長面皰，要定期去角質，並透過洗臉清潔，不要讓痤瘡桿菌有機會繁殖。

「inner dry skin」確認清單
（乾燥性油性膚質）

☐ 洗臉後馬上覺得臉很粗糙

☐ 洗臉後，過一段時間會覺得臉黏黏的

☐ 毛孔很容易粗大

☐ 肌膚沒有緊緻感，多細紋

☐ 很容易長面皰

☐ 不喜歡黏黏的保養

保養的重點是？

防止水分流失，透過補充滋潤改善膚質

皮脂量雖然多，但是水分不足的乾燥性油性膚質，很容易讓人持續和油性膚質相同的保養。首先要先屏除過度清潔的洗臉方式，預防水分流失。補充大量化妝水，選用含神經醯氨等能讓肌膚儲存水分的保濕成分美容液也有加分效果。如果採用正確的保養，肌膚應該就能一口氣有所改變。

常識！

膚質會隨季節改變？

膚質會隨著季節改變。例如夏天的氣溫和濕度上升，不管哪種膚質的人，肌膚含水量都會提高。甚至皮脂和汗水一樣，分泌也會增加。油性肌膚的人皮脂分泌會更多，一般肌膚的人也可能變成比較像混合肌。相反的，氣溫和溼度都下降的冬天，皮脂量和含水量也會跟著減少。一般肌膚的人容易變成乾燥性油性肌膚，也可能變得容易長面皰。因此要隨著季節變換而改變肌膚的保養方式。

「Normal skin」確認清單
（一般膚質）

☐ 不容易有肌膚問題

☐ 皮脂量適中，不會黏黏的

☐ 肌膚水潤保濕

保養的重點是？

**維持現有膚況，
增加保濕護理**

由於肌膚的皮脂量和水量平衡佳，肌膚保養可以採取基礎洗臉→化妝水→乳液、乳霜即可。不過隨著年紀增加，肌膚的保水力會下降，如果覺得「肌膚有點乾燥」，可以加入含保濕成分的美容液。

「combination skin」確認清單
（混合性膚質）

☐ T字部位黏黏的，但嘴巴、
　眼睛和臉頰周圍都很乾

☐ 30歲過後覺得下顎等臉部
　線條處油油的

☐ 胸前和背部中央等皮脂較
　多的地方開始出現面皰

保養的重點是？

**混合型肌膚就要用
混合式保養**

臉部有一般性、油性和乾性膚質混合，因此肌膚保養也要有部分改變。洗臉時先適度去除皮脂，然後全臉使用含保濕成分的化妝水，乳液或乳霜只塗抹在乾燥的部分。

SKIN CARE

〈基本保養〉
了解正確的保養方式

- 如何讓保養品有效？
- 如何透過護膚改善肌膚？

由於這是每天的工作，所以更需要正確的保養知識

基本的保養方式

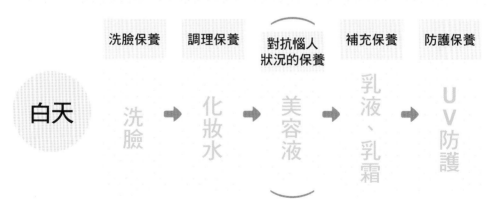

卸妝保養	調理保養	對抗惱人狀況的保養	補充保養
晚上	卸妝 → 洗臉 → 化妝水 → 美容液 → 乳液、乳霜		

恢復全新的肌膚，補充大量養分！

晚上的保養要從好好卸妝開始。一整天覆蓋在肌膚上的粉底會氧化，為肌膚帶來不良影響。用卸妝產品將彩妝卸掉後，再用洗面乳將沒有被洗掉的灰塵和皮脂污垢等洗掉，讓肌膚回到乾淨的素顏。而為了要補充因卸妝和洗臉所流失的水分，先用化妝水補充水分，再擦乳液或乳霜補充養分和油脂，提高肌膚防護功能。肌膚沒有特別惱人問題的人，就不需要使用美容液（詳見P92～）。此外，修復損壞肌膚的生長素分泌在夜間最旺盛。因此有規律的生活和睡眠也相當重要。

洗臉保養	調理保養	對抗惱人狀況的保養	補充保養	防護保養
白天	洗臉 → 化妝水 → 美容液 → 乳液、乳霜 → UV防護			

白天的保養要到UV防護

要維持健康肌膚，基礎保養就是清潔、保濕和紫外線防護。這些步驟若都有確實做到，就能維持健康肌膚。最近有人認為「早上沒必要洗臉」，但睡覺時會因為大量流汗、及接觸枕套灰塵等原因，讓肌膚意外變髒。因此，早上還是要用洗面乳洗去髒污，清潔是必要的。保濕就擦化妝水和乳液或乳霜。冷氣造成的乾燥、及季節溫度和濕度的變化等，要保護肌膚遠離各種傷害，最重要的就是保濕。而要讓肌膚免於老化，就要對抗紫外線和UV光。記得，早上的保養要做到UV防護為止。

■ 如果沒有肌膚困擾或損害，就不需要美容液？　➡見P92～

「雙重清潔」是基本

若要清潔粉底等油性彩妝的污垢，有化妝的時候一定要用卸妝產品。卸妝產品通常是用油性成分和界面活性劑製成。油性成分是要讓油性彩妝溶出的必須成分，但如果只用卸妝產品，臉還是會油油的，沒辦法洗乾淨。要讓油和水這兩種不相容的成分能結合在一起，且容易被水洗掉，就要配合界面活性劑，讓彩妝洗乾淨。依照油性成分和界面活性劑的成分含量不同，產品也分成各數種類型。此外，專門卸妝的產品無法完全清潔灰塵或剝離的皮膚（角質），因此還是要用洗面乳雙重配合清潔。

清潔產品除去污垢的方式

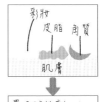

有化妝時肌膚表面會混合彩妝、皮脂及剝離的角質。

卸妝產品所含的油性成分能讓油性彩妝溶出，容易清潔。

界面活性劑的作用，水和油會充分混合，彩妝髒污就能洗乾淨。

沒有卸妝就睡覺會怎麼樣？

若沒有卸妝倒頭就睡，彩妝的髒污會氧化阻塞毛孔。如此細菌就會孳生，不僅會長面皰，毛孔也會粗大。人的皮膚是透過毛孔調節體溫與出汗調節水分。如果這些功能受到阻礙，本來應該蒸發的汗水滯留，那麼促進新細胞生長的基礎功能就會下降。所以再怎麼累也一定要卸妝。

卸妝產品的選擇方式

☐ **選擇適合膚質的產品**

☐ **肌膚狀況不佳時，改以刺激性低的代替**

卸妝產品依油性成分與界面活性劑比例不同，就能分成不同種類的產品。選擇的方式要依膚質和彩妝濃淡決定。一般而言，界面活性劑含量多的產品清潔力較強，較容易造成刺激，因此敏感性肌膚和容易有狀況的膚質最好選擇刺激性較低的。而混合型肌膚的人只要按照膚質的基本狀況選擇，就不會出錯。

對皮膚的刺激性		建議適用的膚質
弱 乳霜型	**適合追求對肌膚溫和不刺激的人** 這類產品的油分含量多，界面活性劑少。洗淨力適中，對肌膚溫和且不容易乾燥是它的特色。但這類產品殘留在肌膚上的油分較多，建議先用面紙擦過再洗淨。	・乾性 ・外油內乾 ・一般膚質
乳液型	**刺激性低，容易洗淨** 這類產品的油分比乳霜型少，易溶於水，也容易清洗。保濕力適中，對肌膚的刺激也較低。一般彩妝用乳液型的卸妝產品就能充分卸除。	・乾性 ・外油內乾 ・一般膚質
凝膠型	**充滿水潤感，用起來很清爽** 在水分內加入大量界面活性劑來卸妝的就是凝膠。觸感水潤，洗起來也很清爽。雖然卸妝力普通，但容易洗去皮脂膜。	・油性 ・一般膚質
油狀	**濃妝也能立刻卸除** 油脂本身就有卸妝的功效，而且這類產品的介面活性劑也不少。雖然能夠卸除濃妝，但皮脂也會一併洗去。在意肌膚乾燥的人最好在化濃妝時才使用。	・一般膚質
液狀 （水狀） **強**	**洗淨力高，屬於擦拭型** 這類產品幾乎不含油分，只靠界面活性劑來卸除彩妝。潔淨力和刺激性都強，屬於擦拭類型，卸妝時要注意對肌膚的摩擦。	・油性 ・一般膚質

基本〔乳液型〕方式

卸妝產品的功能就是卸妝。不過,你是否為了確實卸除彩妝,而用力搓揉?
卸妝的基本原則就是不要對皮膚產生刺激。請檢視自己的卸妝方式吧!

1

將頭髮確實綁好

要卸除全臉彩妝,就要用髮帶將髮絲全部綁好。

2

> 如果太節省卸妝品,也會給皮膚帶來刺激

用乾淨的手取適量卸妝品

雙手洗淨用毛巾擦乾取適量卸妝品(約50元硬幣大小)。

3

不要出力,在臉上輕輕推開

從T字部位開始塗上卸妝品,然後從臉部中央到外側,以盡量不要推動肌膚的方式推開。

4

細節處運用指腹

鼻翼等毛孔容易阻塞的部分用指腹仔細畫圈。力道和第3步驟一樣輕柔。

5

> 洗完還帶有一點乳液的黏稠感是OK的

以溫水洗淨

用覺得有點涼涼的溫水(35~36℃)洗淨。接著還會再洗臉,所以沒有沖得很乾淨也OK。

〔油狀〕卸妝產品的使用重點

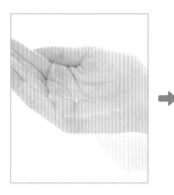

如果卸妝油變白且變輕，就是乳化完成！

取最低適量

用乾的手取適量（約50元硬幣大一點）塗於全臉，讓卸妝油和臉上彩妝融合。

在臉上乳化

取少量溫水，沾濕全臉讓卸妝油在臉上乳化，全臉的卸妝油都變白的時候再洗淨。

〔液狀〕卸妝產品的使用重點

用化妝棉輕輕擦拭卸妝

要注意不要摩擦肌膚

用化妝棉沾滿卸妝水，注意不要摩擦肌膚，輕輕擦拭卸妝。

不能用卸妝產品按摩！

卸妝產品多少都含有界面活性劑。界面活性劑是水洗性，用來卸妝並不會對肌膚造成強烈刺激，但如果用來取代按摩霜，長時間停留在臉上，這樣會讓肌膚變得更乾燥，而且會造成刺激。

局部彩妝要用其他產品卸妝！

☐ 有使用防水型彩妝

☐ 在眼頭畫內眼線⋯⋯
　　有畫完整眼妝

如果眼妝不卸除乾淨，皮脂的髒污和彩妝會氧化並引起微炎症。微炎症和黑色素形成有關，據說會造成色素沉澱。因此要好好卸除睫毛膏和眼線產品等，要用專門卸眼唇的產品來確實卸妝。

〔睫毛膏・眼影〕

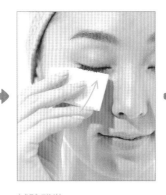

從上往下溫柔拭除

用化妝棉沾取卸眼唇液，放在睫毛上稍微敷一下，然後從上往下拭除。

拭除殘妝

接著再由下往上移動化妝棉卸妝。如果往左右移動，有可能會形成皺紋，這點需要小心。

用化妝棉的邊角拭除髒污

下睫毛的髒污和殘留的睫毛膏等，可以將化妝棉對折，用邊角輕輕拭除。

〔眼線〕

使用棉花棒時，要像輕輕撫摸睫毛般擦拭

眼線要用棉花棒

用沾有卸眼唇液的棉花棒輕輕擦拭睫毛根部，卸除眼線。

用棉花棒從下方開始輕觸，慢慢卸除

畫在睫毛根部的內眼線要將睫毛往上撐，用棉花棒從下方開始輕輕卸除。

健康的肌膚從「**擅長清潔**」開始

> 最重要的是「**不要刺激肌膚，確實卸妝**」！

被列為錯誤保養的第一名，就是卸妝保養=清潔。為了要確實卸除彩妝和髒汙，用力搓揉肌膚，或用卸妝棉摩擦肌膚等，這些在卸妝過程中讓肌膚受傷的案例越來越多。近來因化妝品技術提升，就算不添加油分，只靠界面活性劑也能輕鬆卸妝，這種拭除型的液狀卸妝品已經上市，就連油性的卸妝品也能輕鬆洗淨的產品逐漸成為主流。但能輕鬆卸除彩妝，就代表它的潔淨力高，刺激大。若未使用適合自己膚質的產品，就會產生肌膚問題。

膚質會隨著季節變化，最好常備各種適於不同膚質的卸妝品。卸妝時，盡量不摩擦肌膚。如果能持續仔細清潔，過陣子肌膚就會變漂亮了。

會花錢的順序
美容液→乳液→化妝水→清潔用品

保養品的消費方式應該是各位都在意的訊息吧。首先最花錢的就是美容液。美容液是各大化妝品製造商的最新技術，且是集結許多有效成分的產品，價格雖高，但解決肌膚問題的效果也大。而乳液也同樣富含保濕成分及各種有效成分，價格也都容易偏高。如果節省化妝水或卸妝產品的使用量，很容易導致肌膚問題，最好使用價格在可接受範圍的產品。

每天早晚都會用到，所以要選正確的產品使用

洗臉的作用是將剝落的角質、皮脂以及汗水、灰塵等空氣中的汙染洗淨。睡覺時會流汗或沾到灰塵，所以早上也要用清潔用品，讓肌膚恢復清潔。清潔用品的類型很多。最單純的就是肥皂。肥皂的特色就是洗完很乾淨，它的面積很大，容易搓揉起泡。而最常見的膏狀洗面乳洗後效果有很多種，例如讓肌膚Q彈、水潤等。最好選擇外型方便使用，以產品建議適用的膚質為基準，實際用看看，最好不要買洗完後會讓臉部緊繃的產品。容易乾燥的膚質要讓肌膚保有一層油膜，建議使用滋潤型的。

透過洗臉洗掉髒汙

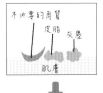

早上起床時的肌膚，就算看起來很乾淨，實際上還是布滿了不需要的角質、皮脂以及枕頭上的纖維和灰塵等。

泡沫會包覆髒汙，再將泡泡沖掉，就能恢復乾淨的素顏。如果使用滋潤型清潔品，臉上會留一層薄薄的油膜。

常識！

最好隨著季節換產品

膚質會隨著季節改變。例如在夏天高溫多濕的環境下，屬於乾燥肌人的皮脂量會增加，變得接近一般膚質，皮脂分泌量很容易隨外在環境改變，反覆變得黏膩、或乾燥等。因此，最好能配合膚質改變換清潔產品。如果分別購買夏天、冬天用的季節性清潔產品，就能維持不會變的健康肌膚。

洗臉用品的選擇方式

□ **依是否適合膚質而定**

□ **選擇容易使用的產品**

□ **觀察洗完臉的狀況，選擇合適的洗淨力**

每天早晚保養前要使用的洗臉用品，選擇上要找容易使用的。接著要確認產品是否會和肌膚產生衝突，並確認洗完臉後的肌膚狀態，產品的洗淨力是否適合自己的膚質。如果肌膚屬於混和性膚質，要先觀察早上起床時的膚況，整體而言，若皮膚的皮脂量較多，那就選擇洗完臉會比較清爽的類型，如果臉部看起來很乾燥，那就選擇保濕型的。

對肌膚的刺激性		適合膚質
弱 肥皂型	**洗淨多餘的皮脂** 傳統的肥皂洗淨力適中，能洗得乾淨，不管哪種膚質都適合。由於肥皂表面積大，容易搓揉起泡，產生細緻且具彈性的泡泡。	所有膚質都OK
膏狀	**可照喜歡的洗後感覺選擇** 從保濕型到清爽型，產品相當多。適合乾燥膚質的保濕型洗面乳含油分，能在肌膚留下一層油膜，洗完肌膚也不會太乾燥。	所有膚質都OK
強 液狀	**使用方便，洗後肌膚清爽** 液狀洗面產品的製作方式和肥皂相似，能讓油分洗淨不殘留。這類產品有部分只用合成界面活性劑製成，會對肌膚造成刺激，肌膚較敏感的人要留意。	幾乎所有膚質都OK
慕絲狀	**適合不會搓揉泡沫、膚況健康的人** 擠出來就是泡泡，所以對不會搓揉起泡的人相當適合。利用幫浦原理讓產品變成含空氣的泡泡狀，原本內涵的水分就相當多，但因含大量界面活性劑，刺激性也很強。	肌膚較敏感的人要避免
粉末 (酵素)狀	**透過酵素的力量，連多餘的角質也去除** 粉末狀的產品主要是利用酵素的功效去除髒污。植物性酵素對肌膚較溫和，不過氨基酸分解酵素具剝離效果，如果持續使用，會讓肌膚更乾燥。	乾燥肌要留意

基本〔膏狀〕的洗法

要去除多餘角質、皮脂與灰塵等汙垢，就要每天洗臉。要對皮膚的刺激降到最低，關鍵就在搓揉起泡和沖洗方式。以下就介紹這些洗臉的訣竅。

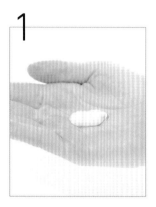

先用溫水稍微沖臉

溫水沖洗後，擠出適量洗面乳（2～3cm）於手掌。

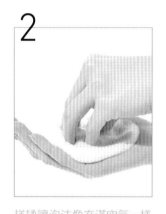

搓揉讓泡沫像充滿空氣一樣

加入少量溫水，手指微彎做成茶筅狀（一種調茶工具），讓洗面乳變成充滿空氣的泡沫。

手掌都是泡泡時，差不多等於全臉的用量

泡沫彈力佳的關鍵

當洗面乳變成綿密、鬆軟的泡泡時，就完成了。最好讓泡泡有用手壓不壞的彈力感。

讓臉部由內往外沖洗

用摸起來感覺微涼的溫水沖洗。臉頰等面積較廣的部分要由內而外移動雙手。

配合沖洗部位改變手的方向

再將手橫放在臉部沖洗

額頭和髮際、下顎等不好沖洗的部位要將手打橫，讓泡沫沖淨。

檢查有沒有泡泡殘留

髮際、下顎和臉緣容易殘留泡沫，導致臉部易生面皰，所以要再次確認。

4

讓全臉沾滿泡泡

將大量泡泡沾抹到全臉。讓泡泡像在肌膚上打轉一樣，吸附臉上的污垢。

不可以用毛巾摩擦臉部！

洗完臉後洗淨髒污和過多皮脂的肌膚，已經完全沒有保護，所以很怕摩擦。如此細嫩的皮膚如果用毛巾摩擦，真是難以想像！洗完臉後，用毛巾輕壓拭去殘留水分，要溫柔地擦拭，這是基本原則。

8

用毛巾溫柔擦拭

若沒有其他殘留，就用乾淨的毛巾輕壓臉部，溫柔地將水擦乾。

如果不會搓揉起泡，就用洗臉的起泡網。

輕鬆做出柔軟的泡沫

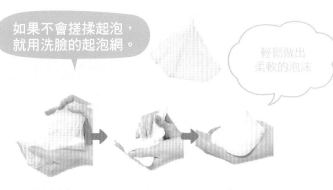

起泡網用水稍微沾濕，加入洗面乳，讓起泡網撐起像含空氣的圓球狀。

起泡後再加入少量水，慢慢搓揉至泡泡充滿空氣。

當泡泡變得綿密，將起泡網拿起，讓泡泡留在手掌上，開始洗臉。

化妝水的正確用法

對肌膚保水力低的人相當必要！

化妝水有柔軟角質層、為肌膚補充水分的功效。若角質的柔軟度提升，接著使用化妝品滲透力也比較高，能調整肌理。日本人的表皮較薄，保水力低，因此必須用化妝水來補充水分。雖然光用化妝水並不會提升肌膚的保水力，但針對乾燥以及保持健康肌膚仍有一定功效。此外，喜愛清潔的日本人喜歡臉部洗得乾淨清爽，因此肌膚保濕因子很容易隨著洗臉而流失，要補充就需要化妝水幫助。

除了護膚與讓肌膚更健康之外，化妝水更是一種好用品。當用化妝水時，感到「心情舒爽」，這就是肌膚處於良好狀態的證明。各位可以一邊感受化妝水帶來的美好心情，一邊為臉部保養。

擦化妝水的意義

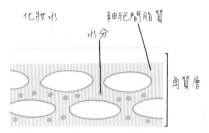

化妝品中，分子量最小的化妝水很容易滲透肌膚，讓角質層充滿水分。角質層獲得滋潤後，肌理就會立刻變得平整，使肌膚看起來變美。

> 常識！

化妝棉容易引起刺激!?

用化妝棉沾化妝水，好處是能讓全臉平均擦上，但相對也可能摩擦肌膚，為肌膚帶來刺激。最好是讓化妝棉沾滿化妝水，像撫摸肌膚一樣輕輕拍上，不過使用力道很難掌握。若考慮有摩擦的風險，最好用手直接擦化妝水。用手擦也要留意不要搓動肌膚。最後再用手輕壓，讓化妝水確實滲透。

化妝水選擇方式

☐ 留意保濕成分的選擇

☐ 依照質地選擇濃稠型或清爽型

☐ 依照肌膚類型選擇

肌膚保水力低的日本人最重要的就是補充水分，選擇時要重視化妝水的保濕成分。保濕成分有神經醯氨及玻尿酸等，種類繁多，其特徵請參考下表。也可依喜歡的質地選擇。濃稠型的化妝水用手就能輕鬆拍上，讓肌膚潤澤的效果也好。喜歡清爽觸感的人適合清爽型，用起來應該會心情很好。此外，在意面皰或毛孔的人，建議使用含維生素C的化妝水。

要檢視的保濕成分有：

神經醯氨	**為肌膚加入潤澤不流失！** 神經醯氨會與角質層的細胞結合，將水分和油分確實帶入肌膚並鎖住。即使在濕度低的冬季也能讓肌膚確實保水，是絕佳的保濕成分。
玻尿酸	**高保濕力能含大量水分** 存在於真皮層的果凍狀物質就是玻尿酸。玻尿酸有黏性，能夾帶大量水份留於肌膚。1g玻尿酸能留住6L以上的水分，具高保水力就是玻尿酸的特徵。
膠原蛋白	**親水性高，鎖住的水份留於肌膚** 拴住細胞與細胞，為肌膚帶來緊緻與彈力的就是膠原蛋白。若是含膠原蛋白的保養品，由於分子量大，無法滲入真皮層，因此屬於保濕成分的一種。不過保濕力比上述兩種成分低。
維生素C	**具抗氧化及抗炎效果，能夠對抗肌膚問題** 擁有高抗氧化作用的維生素C能對抗面皰、毛孔及斑點等各種肌膚問題。它具有促進膠原蛋白生成的效果，也能對抗老化。建議使用配合APPS（維生素C衍生物）的產品。
其他	**讓肌膚豐滿的天然保濕因子** 氨基酸或尿素等天然保濕因子（NMF）具有和水分結合的特性，也有讓角質層保持柔軟與彈力的功效。但在溫度低的環境下容易隨著洗臉而流失，因此保水力低。

基本方法

化妝水的基本用法就是讓臉部肌膚全部都上勻。若讓化妝水滲透到角質層深處，甚至能整頓肌理，如果能好好掌握化妝水的基本用法，肌膚就能保持水潤。

1

取適量於手掌

倒出適量（５０元硬幣大小）化妝水於手掌。清爽型的化妝水可以先取1/2量，分兩次使用。

2

用手掌輕壓

從臉部中央往外側，均勻地讓化妝水沾滿全臉。容易乾燥的部分要特別留意。

3

讓化妝水滲透到肌膚深處

最後用手輕壓

全臉包括脖子都讓化妝水確實滲透後，用手掌按壓臉部，讓化妝水滲透得更徹底。

如果想用化妝棉……

若化妝水使用量不足，化妝棉就容易摩擦到肌膚，所以化妝棉沾取的量要充足。最好讓整片化妝棉都全部沾濕。

常識！

化妝棉面膜真的有效嗎？

化妝棉當面膜會讓肌膚處於密閉狀態，因此能夠提升化妝水的滲透率。如果放在臉上時間太長，化妝棉會乾掉，特地敷到臉上的水分就又會被吸回化妝棉上。所以用化妝棉當面膜時最好3～4分鐘就要拿掉。

以實際尺寸來看標準使用量

化妝品的用量如果不正確，不管用太多或太少，都無法充分發揮它的效果。重要的是一定要閱讀說明書並確認使用方式，以下介紹一般化妝品大部分建議的使用量。供各位參考。

卸妝產品
（乳液型）

為了讓卸妝產品充分與彩妝融合，要大量使用。

洗臉產品
（乳膏狀）

用溫水搓揉至大量起泡。如果有用起泡網，可以減少使用量。

化妝水

用化妝棉沾取時，要比圖片中用得多，要讓整張化妝棉都濕潤。

美容液

質地偏軟的美容液使用量如圖。如果是偏硬的，為了要讓全臉都擦得到，量就要增加。

乳液

標準用量約直徑2～2.5cm。如果用化妝棉沾取，用量就要比較多。

乳霜

用量要一併參考質地，不過標準用量大約是櫻桃大小。

防曬產品

全臉用量大約這樣。頸部和前胸就要另外加量使用。

精華液的正確用法

沒有肌膚困擾的20歲不需要精華液。30歲開始才需要

精華液富含保濕、美白、抗老化等有效美容成分。透過持續使用，就能期待發揮出持續性的生理活性效果，當肌膚潤澤度不足、無法排出黑色素斑點時，要補足肌膚因年紀增長而逐漸衰退的功能，最適合的產品就是精華液。由於精華液是直接針對肌膚問題，在還沒有甚麼問題的20歲肌膚，只要基礎保養有做好，不需要使用精華液。此外，選擇精華液要針對想改善的肌膚問題。如果都無法找到重點，那麼可以用全體保養來考量，用精華液做美白保養，而保濕則交給化妝水和乳液。有些精華液會有對紫外線產生刺激的視黃醇、對苯二酚等成分，因此確認清楚使用方法相當重要。

使用精華液的意義

● 保濕

● 美白

● 抗老化

～等

精華液含有許多化妝品製造商的最新技術及有效成分。隨著年齡增加，肌膚的問題也會變多，為了要針對這些問題集中保養，精華液的腳色就像肌膚的強心劑。

常識！

保養不能只用精華液！

專門用來改善肌膚問題的是精華液。雖然精華液內含許多有效成分，但它不像乳液或乳霜，精華液產品對肌膚的保護效果幾乎都很弱。即使是保濕精華液等保濕力高的產品，也無法期待用它來保護肌膚。因此，保養的最後一道手續還是要用乳液或乳霜，才能確實保護肌膚。

精華液的選擇方式

☐ **配合肌膚問題選擇**（肌膚問題較多時，就將重點放在其中兩項）

☐ **先使用1個月觀察效果**

精華液至少要配合肌膚問題選擇。如果肌膚同時有美白、保濕、抗老化等多重問題，最多就針對其中兩項做選擇。如果超過，精華液的有效成分就會被分散，反而無法發揮效果。肌膚的再生週期大約為1個月。所以至少要連續使用1個月才會有效果，如果肌膚問題沒有改善就馬上停用，那麼會很可惜。

想用精華液 改善的「問題」

皺紋	➡	P136~
黑眼圈	➡	P142~
毛孔	➡	P148~
面皰、丘疹	➡	P154~
鬆弛（緊緻度不足）	➡	P162~
暗沉	➡	P168~

使用2種精華液時
質地
輕的 ➡ 質地重的

精華液的質地分成很多種。當使用2種精華液時，要從質地輕的開始先用，才不會妨礙另一款精華液的滲透吸收。

精華液是改善肌膚問題的救世主！

基本方式

選好配合肌膚問題的精華液後，就要用能夠提升精華液滲透力
的使用技術來改善膚質。
用量多、溫柔仔細地按摩，這就是打造美肌的訣竅。

用手掌確認是否
有確實滲透

1

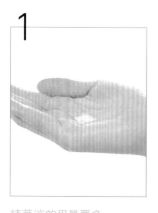

精華液的用量要多

精華液的用量要比適量多一
些（約**10**元硬幣大小）。如果
用量太少，就無法發揮它的
功效，所以用量要足。

2

一面享受香味，一邊塗抹

將精華液推開至手掌，由臉
部中央往外，一面深呼吸，
一面均勻塗抹全臉。

3

最後一鼓作氣按壓全臉

精華液也要確實擦到脖子。
最後用手掌按壓，提高滲透
力。

POINT!

保養力道不可以
讓「肌膚移動」

在使用化妝品時，如
果力道讓肌膚移動，
就容易因摩擦而讓色
素沉澱，影響真皮層
的膠原蛋白組織，甚
至變成肌膚鬆弛的原
因……。所有保養的
步驟，最基本就是要
溫柔地輕輕擦。

POINT!

讓化妝品確實滲透後，
再做下一步驟的保養

各位是否會因為沒時間、
或為了讓保養早點完成，
在一道保養還沒完全滲透
前，就急著往下一個步驟
進行。這樣一來，這些有
效的成分效果就會減半。
而且上了妝也容易脫妝，
所以最重要的就是讓每一
項產品都確實滲透。

「面膜」可以
當精華液使用

日常保養加入面膜，
解決肌膚煩惱！

由於面膜緊密貼合肌膚，能提升有效成分滲透到肌膚的程度

當肌膚較疲勞或大量曝曬於紫外線，很多人會把敷臉當作是特殊保養。但與其每個月用一次高價面膜，不如好好使用平價面膜，讓肌膚吸收美容成分，更能提升肌膚的保水力。而且有些面膜上會寫著「配合○瓶精華液」，這就是為什麼面膜的主要成分含大量像精華液一樣的水狀液體。

水分不足的人，建議使用面膜，讓肌膚處於密閉狀態，讓美容成分的滲透率提高。不過，若長時間敷著沒拿下來，滲透到臉部的水分就又會回到面膜上，因此要謹守規定的使用時間。

要讓面膜發揮功效，就要這樣做

不能敷著不管（不能敷著睡著）

經常使用

補充乳液・乳霜

Mask

MASK

乳狀面膜適合想改善乾燥的人

含油量成分高，這就是乳狀面膜的特徵。這種面膜是靠乳液的密閉效果來讓油分滲透肌膚，對皮脂分泌量少的乾性肌膚能夠提高其保濕力。如果使用不須沖洗的面膜，那就可以塗上後直接睡覺，是令人開心的優點。

為了提高肌膚的防護功能而使用

要讓肌膚保持在正常的健康狀態，乳液或乳霜是不可或缺的品項。除了能給肌膚油分，增加保濕效果外，兼具抑制化妝水的水分蒸發的效果，以及讓肌膚保持柔軟的作用，這3項效果能強化肌膚的防護功能。最近因極端氣候變化以及空氣汙染等，肌膚防護功能降低的人越來越多。再加上卸妝產品的洗淨力提高，肌膚本身的潤澤度下降的人也不少。這些也意味著提高肌膚防護功能的保養，已經變得不可或缺！

而負責這麼重要的功能的乳液及乳霜，其成分上不同之處就在水分和油分的平衡結構。喜歡水潤觸感的人可以選擇乳液，年紀增加而導致皮脂分泌量下降者，可以選擇較濃稠的乳霜。

擦乳液・乳霜的意義

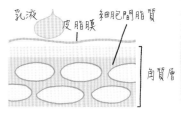

乳液　皮脂膜　細肥間脂質

角質層

補充肌膚每年都減少的水分和油分，從外在環境守護肌膚的就是乳液和乳霜。這對肌膚很容易降低防護功能的現代人而言相當必備。

3個目的

保濕
效果

柔軟
效果

鎖水
效果

乳液・乳霜的選擇方式

☐ **依膚質和肌膚條件選擇**

☐ **高機能乳霜（抗老化系列）要配合年紀使用**

要強化防護功能，首先要選擇配合高保濕力成分的產品。在這個前提下，再針對自己的肌膚問題，選擇添加美白或抗老成份。不管是乳液或乳霜，只要配合肌膚的乾燥狀況和肌膚條件選擇，就不會失敗。此外，能提供保濕、抗老及美白的高機能乳霜，質地大多較濃稠，價格也很貴。必須先了解自己的肌膚是否真的需要，使用的用量也不要太少！

要確認的成分有：

保濕系列

透過可靠的保濕成分提高防護功能

要鎖住水份不流失，建議使用含有神經醯氨或玻尿酸、尿素或甘油等成分。一般肌膚或油性肌膚的人，如果想使用清爽一點的就選擇乳液，乾燥肌膚或年紀較大的人可選擇乳霜。在意T字部位黏膩的人，在這個部位可以塗薄薄一層。如果臉上有面皰或丘疹，就要避開。

美白系列

選擇保濕力高的美白產品

在意斑點或黯沉的人，可以選擇抑制黑色素生成、幫助排出的美白系列乳液或乳霜。美白成分有麴酸、熊果素、傳明酸及對苯二酚等各式各樣，最好選擇標示「準藥（參考P.203）」的。不管哪一種，最重要的是選擇具有保濕力的產品。

抗老化系列

為肌膚帶來潤澤與緊緻

年紀增加後，如果在意皺紋或鬆弛，那麼可以選擇抗老化系列的產品。建議可選擇改善皺紋效果佳的視黃醇、為肌膚帶來緊緻與彈力的膠原蛋白、縮小鬆弛毛孔且抗氧化作用大的維生素C衍生物等產品。但有些成分如視黃醇，會因紫外線產生刺激，因此要注意使用方式。

洗臉後用一瓶可搞定的 all in one 產品NG？

如果肌膚健康且能夠分泌充足的皮脂，那麼就沒有問題。但氣溫、濕度及身體狀況不同，這類產品無法因應每天都在改變的膚質，有時甚至會助長肌膚問題，因此不太推薦。

基本的方法

能提高肌膚防護功能的乳液及乳霜，在使用上不能節省，要大量使用才能發揮效果。如果希望產品能提高滲透力，重點就是要將乳液塗抹於手掌上，然後按壓於肌膚。

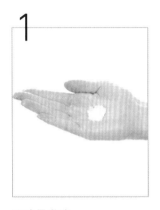

取適量乳液

於手掌取適量乳液（約10元硬幣）。如果要感受到效果，建議用量要多。

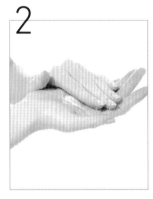

用體溫化開乳霜

質地較硬的乳霜，要先用手溫熱，軟化後再塗抹於肌膚，就能更快吸收且提高滲透力。

確實塗抹於肌膚

乳液或乳霜在手掌抹開後，從臉部中央往外，對肌膚按壓並塗抹。

粗糙部位要重複加強

眼周及嘴唇周圍等乾燥部位，可以用指尖取少量乳液或乳霜，加強塗抹。

塗抹頸部周圍

最後，用手掌剩餘的乳液或乳霜塗抹於頸部。要由上而下輕輕按摩。

不要忘了會明顯老化的頸部

油、膏、角質保養品，
如何使用？會有什麼效果？

油

油類是比乳霜更具保濕的產品

油類保養品的基本功能，就是補充、強化皮脂膜。雖然與乳霜的作用相同，不過乳霜是將由油性成分以水乳化過的產品，所以更容易滲透肌膚。而油類保養品幾乎都是油製品，因此能停留於肌膚，強化皮脂膜，屬於更專門的保濕產品。當肌膚極度乾燥、或隨著年紀增加，皮脂分泌量減少的人，夜間保養的最後手續可以試著使用看看。應該能改善肌膚的潤澤度。

膏

具有藥效作用，是乾燥肌和敏感肌的救世主

膏狀產品是油的一種型態，指在常溫下會凝固者。比起液狀的油類產品，膏狀產品更能緊密貼合肌膚，密閉效果較高。當肌膚表面乾燥到出現白屑，若去看皮膚科，通常會建議「用膏狀保養品塗抹」，因此具有醫藥品的作用。雖然它的質地比較不佳，但如果是皮膚本身幾乎無法產生保護功能的人、或比較敏感的人，這類產品可說是他們的救世主。

角質保養化妝品

去除不需要的角質，讓肌膚復活並具透明感！

去除老廢角質就是角質保養化妝品的功能。乳酸或甘醇酸、AHA（果酸）等酸性效果能夠溶解角質並去除，但濃度不同，去角質的強度也不一樣。這類產品又可分成每天早晚洗臉後塗抹於肌膚，緩和去除角質的精華液類型、以及每週使用1～2次的沖洗型、方便使用的洗面皂類型等，形狀也各式各樣。30歲後肌膚的角質容易囤積，最好能夠選擇1項好用的產品，加入保養的項目裡。

有關美顏機

美顏機能直接針對肌膚問題起作用嗎!?

改善肌膚問題的美顏機應該要針對想要的目的確實選擇。在肌膚上旋轉的機器具有促進血液循環的按摩效果。肌膚鬆弛以及小皺紋可以使用高週波的RF射頻。LED則能夠改善面皰和膚質。EMS能夠從深處按摩肌肉，適合想解決肌膚鬆弛的人。如果想美容成分更加滲透入肌膚，可以用離子導入儀或電穿孔美顏機。只要配合自己的肌膚問題選擇，就不會選錯。

紫外線是肌膚大敵，
所以防曬保養一定要

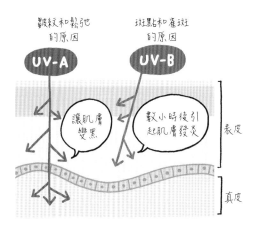

皺紋和鬆弛的原因

斑點和雀斑的原因

UV-A

UV-B

讓肌膚變黑

數小時後引起肌膚發炎

表皮

真皮

UVA 對肌膚的影響

● 讓肌膚變黑

● 造成皺紋和鬆弛的原因（促進光老化）

UVB 對肌膚的影響

● 讓肌膚發炎（增加黑色素）

● 斑點及雀斑形成原因

據說老化的原因有8成是因為紫外線。所以為了要維持健康的肌膚，每天不可少的就是紫外線防護。紫外線是太陽光的一種，又稱為ultraviolet，簡稱UV。波長由短而長依序分為UVC、UVB及UVA，能夠到達地表的只有UVA和UVB。

當我們大量曝曬於紫外線，肌膚就會變紅，而且會有點刺刺的，就是UVB造成的「曬斑」而引發急性炎症。UVB會傷害細胞DNA，活化色素體，使黑色素生成。相對於UVA所引起的是日曬後讓肌膚直接變黑的「曬黑」。這是由已存在於肌膚中的黑色素變形、變深而成，不過這現象是一時的。UVA除了與黑色素形成有關，也會加速光老化，引發皺紋和肌膚鬆弛。

除了膚色改變以外，還有許多嚴重的影響！

防曬產品的選擇方式

① 依照「SPF」或「PA」標示選擇
② 因應季節和生活現場選擇
③ 依照質地選擇（霜狀・乳狀・噴霧劑等）
④ 依照對肌膚的刺激性選擇

① 依照「SPF」或「PA」的標示選擇

防曬產品上標示的「SPF」是針對UVB的防護能力，「PA」則是針對UVA的防護能力。UVB在投射到地表上的紫外線中，只佔5%。它雖然只到達表皮，但破壞力卻遠比UVA來得大！它會破壞細胞DNA，這就是造成皮膚癌的原因。因此，如果要長時間在外，最好選擇「SPF」數值較高的產品。UVA對肌膚的傷害雖然比UVB來得小，但是它佔投射到地表的紫外線的95%，不管是下雨還是陰天，都能夠穿透。它甚至會穿透窗戶玻璃，到達真皮層深處，加速光老化。因此，即使待在室內，最好還是選擇標示「PA」的防曬品。「SPF」和「PA」都有標示的產品是選擇時的絕對條件。

關於防曬產品的標示

SPF

隔離增加黑色素的UVB

Sun Protection Factor的簡稱。它能夠延緩UVB所帶來的讓皮膚變紅的「曬斑」產生，而能延緩多久，則是依照測量後加以數值化。數值越高，防護效果越強，目前最高值為SPF50+。

PA

對抗形成皺紋、鬆弛的UVA

Protection Grade of UVA的簡稱。將延緩UVA對肌膚帶來的「曬黑」時間以數值標示，+的數量越多，防護力就越強。2013年改為4階段標示，最高值為PA++++。

❷ 因應季節和生活現場的選擇

「SPF」和「PA」建議依照環境不同，分開使用。因紫外線量並非固定。日本雖四季分明的，不只氣溫和濕度有變化，連紫外線量也會改變。紫外線無論是UVA或UVB，在夏天量最多。因此夏天用防護力高的防曬產品是正確選擇。而場景不同，暴露於紫外線的量也不一樣。如雪山意外曬傷，是因雪的表面會反射80%的紫外線。因此在雪地需要用與盛夏相同防護力產品。而辦公室座位如果在窗邊，最好選擇「PA」值較高者。

春天・秋天・冬天的日常生活
（散步、購物、通勤上學等）

➡ SPF25／PA++

絕不能斷然認為這些季節日照不如夏天強烈。春天和秋冬，不管是UVA還是UVB，還是會持續照射，很容易引發慢性曬傷，所以要選擇日常防紫外線產品。

夏天・戶外活動時
（海邊或雪山等炎熱天氣的休閒活動）

➡ SPF40以上／PA++以上

這些場合都是會直接受到UVB的強烈傷害，所以要選擇SPF日常用的高者。這時也會照射到UVA，所以產品的PA值也高，就更讓人放心。

❸ 依照質地選擇（霜狀・乳狀・噴霧劑等）
❹ 依照對肌膚的刺激性選擇

十年前，這些產品如果會有黏膩感或泛白，是理所當然的，不過技術進步後，使用的感覺也變得更好，產品擦起來的標準已是無色透明的。型態也有很多種選擇，有些是保濕力高的乳霜、有些是觸感水潤的乳狀，也有一噴就完成的噴霧式防曬。可以依喜歡的質地或依照目的選擇。在意肌膚乾燥時，可選擇乳霜型，沒時間的情況下就選擇噴霧式。對防曬產品會起疹子的人，要留意UV防護成分。一般而言，紫外線散射劑對肌膚較溫和，不過使用紫外線吸收劑的產品也有專為敏感肌設計的。

了解防曬產品所使用的成分

【紫外線散射劑】

利用白色礦物質粉末均勻覆蓋於肌膚表面，透過將紫外線反射、散射的原理進行物理性遮蔽。使用後的問題就是臉部會泛白，讓人覺得不舒服，不過現在已有將礦物質粒子微型化的改善型產品。

【紫外線吸收劑】

透過化學性組成，添加吸收紫外線並防護肌膚的成分。UV防護的效果雖然高，但容易造成刺激。技術進步後，現在產品已經能減輕直接塗抹於肌膚上的負擔。

「非化學處方」是什麼？

非化學就是不使用化學成分的意思。是指UV防護產品中，不使用紫外線吸收劑，只用二氧化鈦或氧化鋅等天然紫外線散射劑。

讓UV防護／防曬產品
確實發揮功效的訣竅

塗抹方式不同，效果也完全不一樣！

☐ 用量充足、塗抹均勻

☐ 2〜3小時就補擦

☐ 就算是防水產品也不能疏忽

☐ 臉部側面以及頸部都要確實塗抹！

各位是否有「明明有擦防曬，還是曬傷了」的經驗？這個大多是塗抹方式出問題。大部分人都是塗抹的量太少！SPF或PA值是以每cm2要塗抹2mg來測量。但實際上如果以這種用量，又會覺得過厚，因為基本使用量就是依照製造商所建議。此外，臉緣或下顎、耳朵等從正面看不到的部分常常會忘記塗抹。所以要確實塗抹至細部，不要讓肌膚直接接觸，才是最重要的。

隨著時間過去，皮脂或汗水等流出，會在無意識的情況下接觸到臉部而帶走防曬品，因此要像補妝一樣，2〜3小時就要補擦。而就算是防水型產品，在數次經過海水或泳池的沖洗下，產品還是會變薄，有時會因為皮膚沾到沙子，用毛巾擦拭後也會讓防曬產品脫落。仔細補擦是絕對必要的！

其他防護紫外線的方法

戴帽緣寬的帽子

撐陽傘

帶太陽眼鏡

穿長袖

盡量走在陰涼處

最確實的方法就是避免肌膚暴露，以物理性隔絕紫外線。活用穿長袖、戴帽子或撐陽傘、戴太陽眼鏡等遮陽產品，就能有效預防。避開日照走在陰涼處，或利用地下道等都是有效的方法。

基本〔乳液・乳霜型〕的用法

為了要防護肌膚，隔離紫外線，明明已經確實塗抹防曬，夏天還是會覺得肌膚微微曬傷……。這就是防曬產品用量不足的證據！因此要加強UV防曬方法，讓產品戰勝紫外線，徹底堅守美肌。

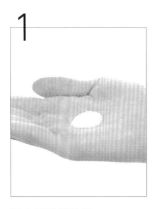

1

至少用量要適當

取適量（10元硬幣大小）於手掌。量少的話很容易曬傷，所以用量適當是最基本的。

2

全臉都要擦

從臉頰等面積較大的地方開始，由內而外塗抹。要讓全臉都塗抹到，不留一點空隙。

3

頸部和前胸也不能忘記

頸部、前胸等都要確實塗抹。夏天肌膚暴露的地方較多，各個角落都要確實塗擦。

4

容易曬傷的部位要重複塗抹

臉頰及T字部位等臉部較高的部位比較容易曬傷，因此要加量使用防曬品，重複塗抹。

容易曬傷的部位是……

容易曬傷的部位也容易產生斑點！

臉頰及T字部位等全臉較高的部位容易暴露於紫外線下而曬傷。此外，太陽穴下方等容易受紫外線影響而產生斑點的部位也要注意！

手指也要做防曬

容易讓人看出年齡的手部也
要確實塗抹紫外線防護。要
以沒有斑點的手為保養目
標。

耳朵、頸後也要塗抹

剪短髮的人、或是把頭髮綁
起的人要留意耳朵和頸後，
也要確實塗抹防曬。

這個部位也很
容易曬傷，所以
要注意！

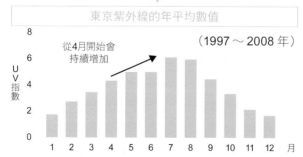

UV防護要全年實施！

東京紫外線的年平均數值

（1997～2008 年）

從4月開始會
持續增加

UV
指
數

紫外線較弱時，很多人都會忘了UV防護。不過，紫外線全年
都有。最需要注意的是4月。就算氣溫低，紫外線量與5月相比
幾乎一樣。為了不讓肌膚加速老化，全年都要做好UV防護。

※依據日本氣象局HP製成

關於UV防護／防曬的Q&A

Q 使用有防曬效果的底妝就OK了嗎？

A 日常生活是足夠。
若再加UV防護就更好。

通勤或上學、晾衣服、去附近買東西等日常生活範圍內，只用有防曬效果的底妝就足夠。如果因為業務需要經常外出、或和小孩在公園玩等，需較長時間暴露於紫外線下、或要去日照強烈的地方做戶外休閒或運動時，就需要UV防護。先擦上有UV防護效果的防曬產品，再塗抹含防曬成分的底妝，那麼紫外線的防護效果和持久力都會提高。

Q 整天都在家，
就不需要防曬嗎？

A UVA會進入室內，可以只抹底妝

紫外線UVA會穿透玻璃，所以就算在室內，也會照射到紫外線！UVA會傷害真皮，並降低肌膚的緊緻度，讓肌膚鬆弛，也會促進老化，所以想要抗老化，正確做法就是要確實使用標示PA的UV防護產品。當然，使用有防曬效果的底妝也OK。將日常保養列入這一點，就算不外出的日子也要好好使用底妝乳液或UV防護產品。

Q 不用卸妝產品不行嗎？

A 把它當作化妝一樣，要用卸妝產品清潔！

UV防護也是保養的一部分，但是以成分而言，它含有紫外線吸收劑或散射劑、界面活性劑等會造成肌膚負擔的產品。因此在洗淨的時候，要把它當成化妝的一部分，就算沒有使用粉底，也要用卸妝品卸除。尤其是防水型的防曬產品，更需要卸妝。如果產品殘留在毛孔，就會引發皮膚丘疹。只有產品有標示「用一般洗面乳或清潔產品卸除」的，就不需要卸妝品。

Q SPF50的防晒效果
能持續一整天嗎？

A 只有早上塗抹的話，
不行。要重複補擦。

SPF50以上的產品防護效果是最高層級。因此很容易認為只要早上擦過，就可以維持一整天，但這是錯的。SPF或PA值最多只是延緩肌膚變紅或變黑，其差別表示對抗紫外線的強度。雖然數值高，但並不保證能持續數小時。此外，皮脂汗水也會讓這些產品脫落，偶爾摸皮膚也會脫落，最少午餐後補擦一次，可以的話，每2～3小時就仔細補擦最好。

好好使用**BB**霜

本身就是「化妝效果＋保養效果」的產品

BB霜的BB就是Blemish Balm（完美無瑕）的簡稱，Blemish = 補足缺點・傷痕的軟膏之意。原本是用於雷射治療或換膚後遮蓋肌膚傷痕及顏色不均，目的在保護肌膚、隔絕紫外線，具有保養效果的乳霜，不過最近被更多重使用放到化妝效果的位置上。而且顏色也變得相當多，可以找到適合自己膚色的。SPF值也區分成很多種，如果是日常使用，只要有SPF25・PA++左右就十分足夠。如果是戶外使用，那麼就要選擇SPF40以上的產品。SPF值較高，對肌膚的負擔也大，所以要配合場景使用。

使用**BB**霜的重點

頸部等邊緣也要使用

要確實推開塗勻

屬於敏感肌者要留意使用

要找到不讓肌膚發白的顏色

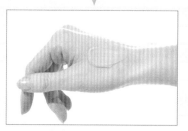

選擇適合自己膚色的產品

BB霜現已成為粉底的領域，不管是顏色或擦上去的感覺都相當豐富的BB霜，如果把它當粉底來選色，就不會失敗。若不知道要選明亮色系還是暗色系，那選擇暗色系，最接近自然膚色。

〔實踐課程〕
PRACTICE

SKIN CARE

〈特殊保養〉
了解正確的保養方式

想知道如何保養眼周及唇部
應該使用按摩器或美顏機嗎?
膚況較差時的保養方式

保養方式不對有
可能促進老化?

眼周的正確保養方式

如果眼周有惱人問題，就要保養

全臉皮膚最薄的眼周很容易乾燥，也容易出現各種問題。加上每天至少會眨眼1萬5千次以上，所以肌膚的負擔較大，最好採用特別保養。如果眼周乾燥，可以用乳液或乳霜加強塗抹，不過若有其他困擾，就要用眼霜。乾燥所產生的小細紋可以使用含神經醯氨或玻尿酸等保濕成分的產品。色素沉澱所帶來的黑眼圈或暗沉，就使用能促進黑色素排出的美白產品。如果有比較深的細紋或鬆弛，就要試著選擇含視黃醇、能夠為肌膚帶來緊緻感的產品。30歲以後肌膚保水力降低，眼部保養是必須的！為了隨時擁有年輕、有魅力的眼周，提早開始保養相當重要。

眼周的煩惱

- 乾燥
- 黑眼圈
- 暗沉
- 皺紋
- 鬆弛

眼周的特徵

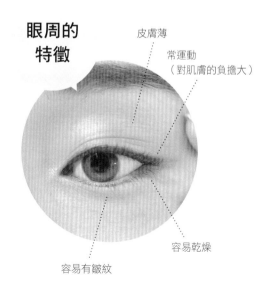

皮膚薄

常運動
（對肌膚的負擔大）

容易乾燥

容易有皺紋

〔眼霜〕的重點

1

取適量於手背上
用乾淨的手取適量眼霜於手背上。單眼用量約1顆珍珠大小。

對抗黑眼圈‧暗沉

2

輕拍促進血液循環
用較不易出力的無名指取眼霜，於眼部下方溫柔輕壓按摩，促進血液循環。

對抗乾燥‧小細紋‧鬆弛

2

不要刺激肌膚
用無名指從下眼瞼尾端往眼頭輕輕按摩。上眼瞼則相反，從眼頭至眼尾按摩。

3

護目鏡區域要大量使用
特別容易乾燥的部位如圖虛線的護目鏡區所示。在意眼尾皺紋的人也要加強眼尾。

常識！

有不能用於眼皮的產品嗎？
能促進膠原蛋白生成、為肌膚帶來緊緻度的視黃醇，雖然能發揮改善皺紋和鬆弛的效果，但相對刺激性也比較強。如果將它塗抹在僅約為臉頰1/3厚的眼皮上，可能會因產品不同而為眼睛帶來刺激，因此要仔細閱讀使用方法再用。

NG!

不可以用會「動到皮膚」的力氣保養

皮膚較薄的眼周比其他部位容易受到刺激，因此眼周保養的鐵則就是「一定要溫柔」。如果用力讓皮膚移動，可能造成皺紋或色素沉澱、鬆弛等。

嘴唇的正確保養方式

皺紋・暗沉・鬆弛
嘴唇部位也會老化

嘴唇部位的構造接近黏膜，特徵就是角質厚度薄、再生週期快。由於唇部沒有皮脂腺，水分容易馬上蒸發，在溫度較低的環境下，如果不勤於補充油分，保護功能就會下降，容易乾裂。此外，唇部和肌膚一樣，會隨著年齡增加而老化，產生皺紋、暗沉、斑點等。30歲後半開始，嘴唇的輪廓就會比較不明顯，這是因為位於唇部真皮層的玻尿酸量開始減少的關係。因此要加強塗抹含玻尿酸等保濕成分、以及能生成皮脂膜油分的護唇膏，才能預防老化。唇部嚴重乾燥時，可以使用含維生素B群等抗炎劑的產品，或是大量塗抹含礦脂的產品，來提高防護功能。

〔唇部保養〕的重點

唇部如果乾燥，不要用手摸

當唇部脫皮、乾裂時，不要硬將皮剝除，要大量塗抹礦脂加以保護。唇部再生週期很快，約1週就能改善。

造成唇部問題的第一因素是唇膏

唇部構造接近黏膜，對刺激成分的抵抗力弱，唇膏內含的薄荷醇成分有可能會引起很多人的唇部問題。唇部容易乾燥的人，只要避開含強烈薄荷醇成分的產品就沒問題了。

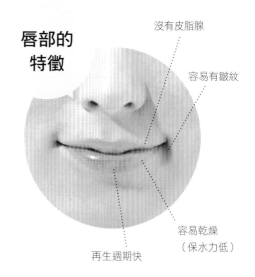

唇部的
特徵

沒有皮脂腺

容易有皺紋

容易乾燥
（保水力低）

再生週期快

提高代謝，改善暗沉。
正確按摩的效果很大！

按摩的最大目的就是促進血液循環。血液循環變好的話，就會改善暗沉，膚色一下子就會變明亮。而且，真皮層的纖維母細胞及表皮細胞也會活化，肌膚代謝=再生週期也能獲得重整，於是便能打造出健康的肌膚。提到按摩，或許很多人的印象就是用力「鍛鍊肌膚的肌肉」，但如果是要促進血液循環，不需要用力施壓。相反的，若太過用力，會破壞膠原蛋白，造成鬆弛。用化妝水軟化角質層後，可塗抹按摩乳霜等容易推開的產品，像撫摸肌膚一樣輕輕按摩。

建議這些人使用

- 肌膚腫脹的人
- 肌膚黯沉的人
- 不容易上妝的人
- 肌膚冰冷的人
- 無血色的人

常識！

錯誤的按摩方式會造成鬆弛、斑點及肝斑！

若持續用力按摩肌膚，會破換膠原蛋白，造成無法正常生成膠原蛋白。就是肌膚鬆弛的開始。此外，力道過度會對肌膚產生刺激，也可能引發斑點及肝斑。

Massage

早上的按摩

去除暗沉，上妝更容易

配合保養，讓肌膚更明亮

早上的按摩具有即時改善浮腫和黯沉的效果。如果用乳液或乳霜按摩，能讓肌膚變得容易上妝。所以一定要每天早上保持這個習慣。

晚上的按摩

軟化角質，去除肌膚剛性

一邊放鬆，一邊修復肌膚疲勞

要修復全天疲勞，晚上的按摩放鬆效果剛好。能解放肌膚的剛性，讓角質層軟化並吸收、滲透大量美容成分。按摩時要放鬆心情進行。

〔按摩霜〕的重點

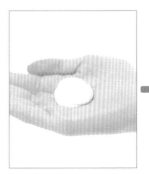

使用量大

用化妝水濕潤肌膚後，取適量（50元硬幣大小）以上的按摩霜，置於手掌。

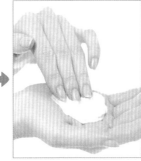

在掌心輕輕推開

用手掌溫度輕輕推開並溫熱按摩霜，讓按摩霜更容易在肌膚上推開。

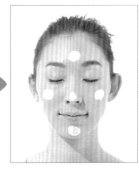

分成5點塗在臉上

在額頭、兩頰、鼻子及下顎5個點塗上按摩霜。這樣就能輕鬆在臉上推開。

POINT!

千萬不要推動到肌膚！

如果力道大到移動肌膚，真皮組織就會鬆開，造成膠原蛋白破壞並導致鬆弛。按摩時，要像撫摸肌膚一樣溫柔，這是基本方式。

使用按摩霜讓手容易滑動按摩

為了不要移動到皮膚，要用按摩霜讓肌膚滑潤容易按摩。此外，按摩霜的角色就像緩衝彈簧，能減輕肌膚摩擦帶來的刺激。

正確的按摩方式

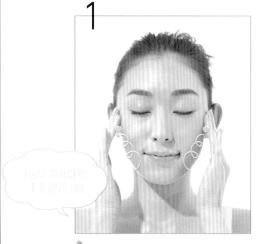

1

慢慢向上畫圈

從下顎到嘴角,用手指輕輕往上按摩。然後再從嘴角往耳下,以螺旋狀慢慢向上畫,然後按壓耳朵前下凹處(共計3次)。

2

額頭也用3根手指按摩

和步驟1相同,從眉間往太陽穴用螺旋狀畫圈按摩,然後按壓太陽穴。這個步驟共計做3次。

3

眼周要特別溫柔

用3根手指的指腹,從下眼皮的眼尾到眼頭,然後往上眼皮用畫圈的方式輕輕滑動手指。這個步驟共計做2次。

4

用手掌將全臉往上

鼻子周圍按摩後,用手掌從臉頰下方往上輕按。這個步驟可以稍微施力按壓(共計3次)。

5

按摩鎖骨讓淋巴液循環

手上殘留的乳霜可以用來按摩頸部。由下往上按摩後，再從耳下往鎖骨按摩，促進淋巴循環。這個動作共計5次。

6

最後用面紙拭除

用面紙放在半臉，一邊按壓拭除按摩霜。另外一邊就用面紙折成一半，用乾淨的那邊拭除。

NG!

要注意是否過度使用按摩滾輪！

自我按摩的目的是促進血液循環，因此基本就是不要移動肌膚，溫柔地進行。不過，有些按摩滾輪會夾住肌膚往上拉提，給肌膚強力壓力。使用後如果肌膚變紅，那就是負擔太大！持續使用會累積對肌膚的破壞，導致肌膚鬆弛產生斑點，所以要留意。此外，使用按摩滾輪時，也要用按摩霜或按摩油，讓肌膚滑潤，利於按摩。按摩產品具有彈簧緩衝效果，能緩和對肌膚的刺激。

季節轉換時，
要先提高肌膚的防護功能

　　冬天到春天、夏天到秋天，為何季節交替轉換時，容易引發肌膚問題？肌膚的作用是守護身體，隔絕外界的溫度、濕度及空氣紫外線和汙染等，換句話說就是一種界線。季節轉換交替時，由於環境變化加上花粉等過敏原增加，肌膚無法因應這樣的改變，容易引起乾燥或發炎。如果能事先保養，提高肌膚的防護功能，就可以放心。使用神經醯氨或玻尿酸等配合保濕成分的化妝品，能提高肌膚保水力，再加上含大量油分的乳液或乳霜，就能強化皮脂膜。此外，針對夏天的日曬，最重要的就是要先讓肌膚冷卻。可以先用放在冰箱、含維生素C的化妝水冷卻肌膚、抑制發炎，然後再由體內攝取含抗炎作用的維生素C補給品。最重要的就是盡早應對，不要讓發炎時間拖長。

依季節容易引發的肌膚問題

春秋　過敏原較多容易引起發炎

夏　因日曬所引起的問題

冬　因極度乾燥帶來的問題

提高防護功能，
打造戰勝問題的
強健肌膚！

〔初期症狀〕

☐ 肌膚比平常緊繃

☐ 表面有白屑

☐ 表面好像撲一層粉

➡ 加強保濕

➡ P88,96

肌膚問題的初期症狀就是乾燥。洗臉後，肌膚緊繃，表面像有白屑，那就要特別注意。表示肌膚維持水分的功能、及皮脂分泌量都降低，肌膚內部的水分變得容易蒸發，如果持續不理會，會越來越乾。首先要徹底實施保濕的保養。先大量使用平常用的化妝水，確實補充水分和油分，強化肌膚的防護功能。這樣，應該就能漸漸改善肌膚乾燥症狀。

〔中期症狀〕

☐ 出現部分泛紅

☐ 部分肌膚覺得發癢

➡ 重新確認洗臉方式，
將化妝降到最低限度

➡ P84

若肌膚變得更脆弱，再生週期就會提早，角質層就會排滿未成熟的細胞。如此，肌膚無法對外界刺激產生保護功能，就會引起泛紅、發癢等發炎症狀。發炎的部位比較敏感，要補充礦脂等強化皮脂膜，並保護肌膚。此外，為了防止水分流失，洗臉產品要換成保濕型，化妝也要改用蜜粉和重點化妝，並控制卸妝清潔量。

〔重症〕

☐ 化妝品會滲出

☐ 泛紅和發癢都沒有改善

➡ 要去診所

如果中期症狀時所加強的保養仍無法改善泛紅或發癢，化妝品會滲出肌膚的話，那麼用自我判斷方式修復較危險。若肌膚狀況已變差到這個地步，就很難靠己力修復，最好趕快去診所讓醫師診斷。診所會根據症狀，給予類固醇或抗組織氨的藥劑、以及抗過敏藥等處方。重度乾燥的肌膚要依賴藥物，才能早日恢復健康。

NUTRITION

透過飲食 改善煩惱

- 要吃什麼、該怎麼吃？
- 想知道對肌膚好的食物

了解身體運作，選擇優良食物，就能解決煩惱

打造能夠「吸收養分」的體質

要確實吸收營養，就要調整腸道的環境條件

「腸道美人等於素肌美人」。女性美麗的關鍵，就是調整腸道環境。因為腸道好才能吸收打造肌膚和頭髮的養分。腸道內有許多微生物和菌種，其中約有1000種以上的乳酸菌及比菲德氏菌等腸內細菌寄生，數量多達1000兆個，它們提供人類無法自行製造的維生素以及能源。不過，這些腸道細菌在3歲左右就已確定，從食物中獲得的效果則因人而異。要改善腸道環境，就算喝乳酸菌飲料或吃其他補給品，只要長大後就無法再容納新的菌種生存。與其想增加新菌種，不如讓自身擁有腸道細菌增加的能力，從小就習慣攝取發酵食品。

新常識！①

大豆異黃酮對有些人有用，有些人卻沒用

大豆內所含的異黃酮能調整月經週期，並緩和更年期症狀。不過，最近發現讓這些類似女性賀爾蒙產生作用的，是源自於異黃酮透過腸道細菌（雌馬酚生成菌）所生成的物質「雌馬酚」。能在腸道內將異黃酮分解成雌馬酚的人，日本約佔5成，歐美人士約佔3成。

DOI:10.11209/jim.21.217

為了腸道環境，好好攝取發酵食品

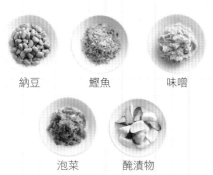

納豆　鰹魚　味噌

泡菜　醃漬物

食品如果添加微生物，就會產生「發酵」的魔法。微生物會產生很多養分，提升食品內的營養價值。發酵食品多含微生物和乳酸菌。攝取發酵食品能讓自身的腸內細菌增加，這和整頓腸道環境、預防便祕以及提高免疫力都有關。

新常識！②

「寒天」不一定零熱量

各位是否認為由海藻做成的「寒天」是零熱量的減肥食品？事實上，有一部分的日本人腸道內擁有能將海藻轉化成熱量的細菌。對歐美人而言，就算是零熱量的食品，對約1/3的日本人而言，並非真正零熱量。這或許是長年被海環繞、持續食用海藻類食品的日本人的腸道環境個性！？

DOI:10.1038/ndigest.2010.100603

提高養分吸收率的方式

食物會經過口腔、食道以及胃部，再被腸道吸收，如果胃酸分泌量低的人，腸道的吸收率也比較低。首先最重要的就是要好好咀嚼，讓胃酸好好分泌。尤其是蛤蠣或扇貝、以及魚類等內含的維生素B12，會因胃酸分泌量而大大影響其吸收率。此外，如果鐵類補給品和抑制胃酸分泌的胃藥一起食用，那麼鐵質的吸收會下降38%。吃東西時，比起吃一些味道或色彩不足的加工食品，吃溫熱且美味、聞起來有香味的食物，更能促進唾液及胃酸分泌，進而幫助消化和吸收。

好好咀嚼 讓胃酸分泌

食用魚類及肉類等動物性蛋白質後會覺得胃下垂的人，有可能是體內的消化酵素及胃酸分泌較低。肉類及魚類料理經常添加檸檬等柑橘類調味，如果加上這些再吃，可以預防吃完以後的飽脹感，而且柑橘類能夠幫助胃酸作用。建議可以在吃飯前先喝檸檬水。此外，鳳梨和奇異果也能幫助肉類分解。如果因為不喜歡胃變重的感覺，就不吃魚或肉，那麼體內消化酵素就會跟著減少，變得更沒辦法消化，所以建議各位就用這個方法試試看吧。

動物性蛋白質要和柑橘類一起攝取

利用維生素D×日光修復肌膚

維生素D能夠維持骨骼和牙齒健康，提高免疫力，它也是能讓肌膚再生的成分，現正備受矚目。乾香菇、木耳、鮭魚和秋刀魚富含維生素D，如果再加上日光浴，更能活化維生素D。在紫外線強烈的夏季，體內能夠製造許多維生素D，但冬天體內的維生素D濃度就會下降。如果太在意紫外線帶來的傷害而過度防曬，也會導致維生素D不足。就算是冬天，只要有15～30分鐘左右（※數據來源為日本環境省）的日光浴，就能補允維生素D，因此為了美肌，跟太陽做好朋友吧。

平常毫不注意所攝取的食物和飲料，透過組合的方式有可能提高其吸收率，或相反的讓吸收率降低。以下介紹不浪費營養吸收的小訣竅。

鐵質和鋅要和維生素C一起攝取

有些女性因在意脂質攝取過多，每天喝接近2公升的減肥茶，而導致貧血。這是因為單寧酸妨礙了鐵質（非血紅素鐵）及鈣質的吸收。此外，茶類的兒茶素也會妨礙葉酸吸收。咖啡和紅茶的咖啡因會讓血管收縮，導致輸送到肌膚的血液（養分）減少，所以這些對美肌沒有加分效果。喝飲料的原則，就是飯後30分鐘以內要避開「顏色深的飲品」。如果飲料和正餐一起搭配，最好選擇焙茶、麥茶、南非茶(rooibos)、薄荷茶或洋甘菊茶等草本茶。

鋅能夠調整肌膚再生週期、合成膠原蛋白，同時也是頭髮和指甲的生成原料。鋅和隨著月經流失的鐵質一樣，是女性最容易不足的兩大礦物質。就算想積極攝取這些物質，但鋅和鐵的吸收率都很低。舉例來說，如果觀察鐵質的吸收率，在動物性食品中的「血紅素鐵」的吸收，約是植物性食品中的「非血紅素鐵」吸收的5倍。所以要和非血紅素鐵一起攝取的，就是維生素C。維生素C能夠幫助鋅和鐵質的吸收率大幅提升。所以當食用富含鋅的牡蠣時，一定要搭配檸檬。

減肥茶會阻礙營養吸收

便祕代表吸收不良，要特別注意！

腸道內有1～2kg、1000兆個以上的腸道細菌，負責合成體內的維生素，而且也是消化吸收的好幫手。如果身體便祕，腸道內的益菌就會減少，讓食物腐敗的壞菌則會增加。壞菌會大量生成活性氧及有害物質，讓腸道環境惡化。產生有害物質的腸道，其維生素的合成率和營養吸收率當然會下降。甚至會引起肌膚粗糙、心理精神障礙及過敏等。

攝取製造肌膚的元素「蛋白質」

高麗菜鰻魚義大利麵
（沙拉＋麵包）

雞肉炒番茄醬
（沙拉＋麵包）

潤澤、彈力、透明感，蛋白質是美肌之源

要打造健康肌膚，前提是不能缺乏蛋白質。無論是維持肌膚潤澤的天然保濕因子（NMF）、或為肌膚帶來彈力的膠原蛋白和彈力蛋白，這些物質的原料都是蛋白質。因為蛋白質能促進肌膚再生，幫助黑色素排出，還能預防肌膚暗沉和斑點。

肌肉能維持高基礎代謝。要維持肌肉量，就要將1天所需的蛋白質分成3次食用，每次約單手掌大小的份量，這種方式最有效果。如果以麵包或麵條為主食，這樣的飲食生活無法解決蛋白質不足。因此，每天都要留意適量攝取。例如午餐要吃義式料理，應該不要選擇義大利麵套餐，改選魚蝦類或肉類為主餐。如果想要攝取更好的蛋白質，可以參考下一頁的氨基酸分數表作選擇。

蛋白質攝取不足的話是無法變漂亮的，請重新檢視你的飲食習慣！

「氨基酸分數＝蛋白質的評價」
了解這些，就能擁有健康的肌膚

何謂氨基酸分數？

只要參考氨基酸分數，哪些是優良蛋白質便能一目了然！

　　肉類、魚類和雞蛋等所含的蛋白質都是由氨基酸構成。但並非所有食物的蛋白質都會均衡包含我們必須的9種必需氨基酸。將食品含的氨基酸量以數值化標示的就是「氨基酸分數」。如果把它當作是蛋白質的評價，就比較容易理解了。氨基酸分數表中，分數最接近100分的，就代表所含的氨基酸相當均衡。為「優良蛋白質」。

　　一般而言，肉類、魚類、雞蛋和大豆、乳製品等的氨基酸分數都很高，如果想要好好攝取蛋白質，就選擇這些食物。如果攝取義大利麵或麵包、烏龍麵等氨基酸分數較低的食物，就要與分數高的食物互相搭配。就算單一食品的蛋白質來源不足，用其他食材加入菜單來補足，那麼氨基酸分數也會達到100分。照這個方式選擇菜單，就能調整氨基酸的均衡度，更靠近健康肌膚。為了更有效率地攝取優良的蛋白質，請將氨基酸分數表牢牢記在心裡。

要好好攝取的氨基酸分數表100分食品

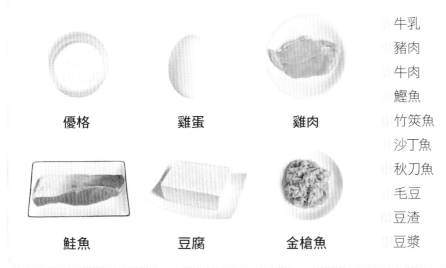

優格　　雞蛋　　雞肉

鮭魚　　豆腐　　金槍魚

牛乳
豬肉
牛肉
鰹魚
竹筴魚
沙丁魚
秋刀魚
毛豆
豆渣
豆漿

出處：修正版 日本食品胺基酸含量表

要記住的氨基酸分數

花椰菜	**85**		魷魚	**71**
蛤蠣	**84**		玉米	**69**
豌豆	**84**		菠菜	**64**
韭菜	**83**		精製白米	**61**
南瓜	**79**		蕎麥	**61**
蝦子	**77**		番茄	**51**
馬鈴薯	**73**		杏仁	**47**
綠豆	**72**		蛋糕粉(低筋麵粉)	**42**

依肉品部位區分的卡路里表（每餐80g）

【雞肉】		
第一名	雞翅（帶皮）	169kcal
第二名	雞腿肉（帶皮）	160kcal
第三名	雞胸肉（帶皮）	153kcal
第四名	雞腿肉（去皮）	93kcal
第五名	雞胸肉（去皮）	86kcal

【豬肉】		
第一名	肋排	309kcal
第二名	里脊	210kcal
第三名	肩里脊	202kcal
第四名	豬腿肉	146kcal
第五名	豬肝	102kcal

【牛肉】		
第一名	肋排	414kcal
第二名	沙朗	398kcal
第三名	肩里脊	329kcal
第四名	肩肉	229kcal
第五名	腰內	178kcal

選菜單的時候就把胺基酸分數列入考量吧！

肉品部位與調理方式不同，卡路里就會有很大的變化

肉類雖然含豐富的蛋白質，同時也含有大量脂肪，部位不同，有些很容易攝取過多卡路里。選擇菜單時，可以此卡路里表作參考。此外，還要留意調理方式。雞肉剝皮大約可以減少44%的卡路里。豬腿肉如果用川燙，則可以減少24%。牛肩里脊肉如果用烤的，將油脂烤出來後，約可降低20%的卡路里。

〔舉例吃法〕

跟分數100的食材配著一起吃吧！

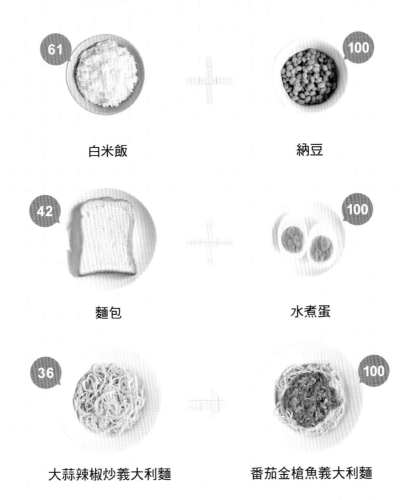

61 白米飯	100 納豆
42 麵包	100 水煮蛋
36 大蒜辣椒炒義大利麵	100 番茄金槍魚義大利麵

用「低X高」的氨基酸分數，來提高蛋白質攝取的均衡！

氨基酸分數中，最重要的就是食材組合。例如白米飯，其賴氨酸的含量低，蛋白質來源相當不足。如果加上含豐富賴氨酸的納豆，那麼氨基酸分數就會到達100。義大利麵如果用魚蝦類或肉類醬汁搭配，而麵包與雞蛋或起司搭配，這樣蛋白質就能夠獲得平衡。此外，攝取優良蛋白質能促進生成「飽足感賀爾蒙」（瘦體素），可以預防吃過多。

為何容易便祕
⇨ 促使老化！

便祕是老化的自動點火裝置！
如不趕快解決，肌膚就會邁向老年

　　現代社會許多女性為便祕所苦。這到底是為什麼？日本原本是以穀類為主食的農耕民族，一直以來身體都不斷在消化不容易消化的麥殼等。由於不好消化的食物需要時間，比起以小麥為主食的歐美人，日本人的腸道比較長。為了要維護這麼長的腸道健康，便要攝取很多食物纖維、納豆及醃漬物等發酵食品。但最近脫離日本傳統食物的趨勢增加，飲食變成以低食物纖維和低乳酸菌為主，因此腸道環境惡化、有便祕問題的人也就增加了。

　　便祕的人，腸道內的益菌減少，讓食物腐敗的壞菌會增殖，因此會大量產生氨等毒性氣體及活性氧。這些不只會讓腸道環境惡化，還會被運送到血液，對全身造成破壞。當血液被有毒氣體汙染輸送到肌膚，就會引發血液循環不良，導致肌膚再生週期紊亂，從身體內部加速老化。

含食物纖維的前10名食材（以使用量為標準的含有量）

1	酪梨（1/2個）	3.7g	6	咖哩粉（6g）	2.2g
2	納豆（1包）	3.4g	7	蘿蔔乾（10g）	2.1g
3	牛蒡（1/3條）	3.4g	8	海帶芽（5g）	1.8g
4	豆渣（30g）	2.9g	9	綠色紫菜（3g）	1.2g
5	羊栖菜（5g）	2.2g	10	乾香菇（2朵）	0.8g

為何容易罹患糖尿病
⇨ 肌膚糖化 ⇨ 變黃

不知不覺，糖化越來越嚴重……
喜歡甜食和喝酒的人要注意

　　吃甜的食物（糖質）或碳水化合物，血糖值就會上升。要讓血糖值下降，就要從胰臟分泌「胰島素」。長時間以穀類為主食的日本人，身體分泌的胰島素一直都是少量，其胰島素分泌的能力只有白種人的一半。而現在歐美風的飲食生活，都需要大量分泌胰島素，為了讓血糖下降，身體的負擔會變大，因此容易罹患糖尿病。

　　血糖上升對肌膚也會帶來不良影響。最近常聽到「糖化」一詞。所謂糖化，就是身體多餘的糖份和蛋白質結合的反應，吃東西後的血糖值超過150，就會產生AGEs（最終糖化產物）這種強烈的促老化物質，會將蛋白質焦化，使肌膚變黃。AGEs只要一產生，就無法自行排除，會囤積在體內，破壞膠原蛋白並引發肌膚皺紋和暗沉。糖化和年紀無關。只吃甜點的人嚴重糖化的可能性較高。

※清野裕：最新醫學 50:639-645,1955

試著調整飲食來控制

狸貓烏龍麵

蛋花蕎麥麵

　　要預防糖化，最重要的是控制血糖。為了不讓飯後血糖急速上升，要注意調整飲食。如白米或白麵包、烏龍麵等精緻的碳水化合物，都容易讓血糖上升，如果搭配蔬菜、香菇、海藻類或魚、肉、雞蛋、納豆、醃漬物或發酵食品等不容易提高血糖的食材，那麼就能預防血糖急速上升。

SKIN CARE

解決肌膚的 煩惱‧毛病

皮膚的毛病是如何引起的？
要如何照顧才能解決？

根深蒂固的
煩惱也一定有
解決方法！

要善用對肌
膚有益的食
材和吃法

了解問題的 原因 ， 對症 下藥！

所有肌膚問題都從乾燥開始

乾燥

➡ see P130

對抗逐年增加的皺紋，早點開始保養是關鍵！

皺紋

➡ see P136

黑眼圈的成因有3。你屬於哪種類型？

黑眼圈

➡ see P142

4個方法讓毛孔縮小

毛孔

➡ see P148

面皰、丘疹的照顧有方法！

面皰‧丘疹
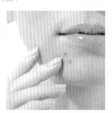

➡ see P154

鍛鍊肌膚，和鬆弛說再見！

鬆弛

➡ see P162

找回肌膚透明感，暗沉保養有秘訣

暗沉
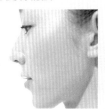

➡ see P168

做安全又有意義的保養

斑點（美白）

➡ see P176

乾燥

阻止乾燥！讓肌膚恢復水潤

水潤的肌膚既健康、又能抵抗惱人問題，肌理如果夠潤澤，看起來
也比較漂亮。但我們的肌膚會一年比一年乾燥。在大問題出現前，
先採取正確的保濕方法，從乾燥漩渦中解脫。

原因 # 為何會引起「乾燥」？

　　人的皮膚表皮最上方的角質層，有像磚瓦排列般的角質細胞。細胞和細胞的空隙由神經醯胺等細胞間脂質連結，藉此鎖住水分。此外，角質細胞內含能鎖水的天然保濕因子（NMF），讓肌膚維持水潤光滑。為了不讓這些水分蒸發，皮脂膜就像肌膚的防護罩一樣，守護著肌膚。

　　不過，氣溫和濕度等外在環境因素與年紀增長，都會讓細胞間脂質、天然保濕因子及皮脂含量減少，這些一旦減少了，肌膚就無法維持正常功能。如此肌膚的保水力和防護功能都會降低，水分流失肌膚就會變乾。表皮較薄的人，特別容易乾燥。為了不讓肌膚越來越乾，要及時補充逐年減少的細胞間脂質、以及天然保濕因子，並且做正確保濕保養。

健康的肌膚（水潤的肌膚）

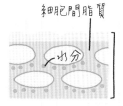

乾燥的肌膚

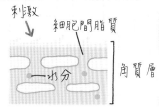

讓肌膚變乾燥的原因

- □ 過度清潔
- □ 日曬
- □ 沒有做保濕保養
- □ 飲食生活不規律（營養不足）
- □ 使用刺激性卸妝
- □ 過敏（花粉症等）
- □ 年紀增加
- □ 外部空氣乾燥　　　　　　～等

平常不注意的事情，都有可能是造成乾燥的原因

對策 正確的「保濕」護膚

保濕就是「讓保濕成分滲透肌膚，再用油性成分封鎖」

保濕成分 ❶ 神經醯氨（細胞間脂質）

連結細胞，讓肌膚潤澤健康

神經醯氨等細胞間脂質存在於角質內的細胞間隙，具有夾帶水分並保水的特性。如果細胞間存在大量這種物質，角質就不會向上蜷曲，肌膚便能夠保持健康水潤。不過，隨著年紀增長，神經醯氨的含量會減少，因此必須透過化妝品加以補充。如果希望滲透肌膚，那就要選擇含神經醯氨的化妝水。乾燥越來越嚴重的人，還要再加上精華液。

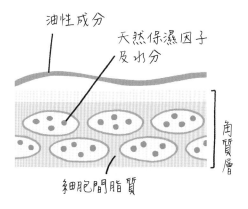

油性成分

天然保濕因子及水分

角質層

細胞間脂質

保濕成分 ❷ 氨基酸或玻尿酸（天然保濕因子）

天然保濕因子是由肌膚內部自行生成的保濕成分

角質層內排列的角質細胞，含有天然保濕因子能儲存水分。如果天然保濕因子的量足夠，角質細胞就能夠對抗外在環境，水分生成的能力也比較高。但天然保濕因子會隨著洗臉而流失，年齡增長和睡眠不足也容易讓它變少，因此需使用含氨基酸、玻尿酸或尿素等天然保濕因子的化妝品加以補充。使用含神經醯氨的化妝水以及美容液調理肌膚後，建議再配合天然保濕因子的乳液。

油性成分

礦脂及礦物油

打造類皮脂膜，預防水分流失

正常的保濕保養有以下3步驟：保濕=保濕劑、潤膚效果=潤滑性及柔軟性、緊緻=密閉效果。礦脂或礦物油等油性成分屬於第3種閉鎖效果。如果皮脂量充足的健康肌膚，皮脂膜就能形成保護，但皮脂量會隨著年紀增加而減少。因此就需要用乳液等油性成分來提高肌膚防護功能，防止水分流失。

肌膚極度乾燥時該怎麼辦？

方法 1

加倍使用
保濕化妝品

乾燥的冬季以及在冷氣房中帶來的乾燥，如果無論如何肌膚都無法滋潤，那麼可以試試將平常使用的化妝品量增加。化妝水、精華液、乳液或乳霜，全都增加用量。保養後，要達到讓面紙放在臉上就能吸到油分的程度。當肌膚乾燥出現白屑、用化妝水像會滲透肌膚一樣時，就要停止日常保養，用礦脂大量塗抹保護肌膚。

方法 2

以清潔力較溫和
的卸妝品代替

當肌膚極度乾燥，防護功能下降，洗臉或卸妝都會讓肌膚的潤澤度流失。此時若使用讓油性彩妝溶解的卸妝品，內含界面活性劑，可能會帶走過多的皮脂。這樣卸妝後肌膚就會覺得緊繃，馬上就會起白屑。要改用清潔力較溫和的產品替代。讓潤澤度適當留在肌膚，建議使用乳霜或乳液型的卸妝品。

方法 3

改變飲食

就算好好保養也無法改善乾燥時，可食用含天然保濕因子或神經醯氨的食材，為肌膚和頭髮帶來潤澤。

➡ see P134

持續適當的保濕保養，就能夠恢復肌膚潤澤

乾燥是肌膚問題的初期症狀

乾燥的肌膚無法自行產生潤澤度，不僅會失去美麗。甚至會因保水力降低，引起皮膚發炎，讓肌膚再生週期提早，導致未成熟角質細胞排列在角質層，肌膚的防護功能因此下降……。這些都屬螺旋性乾燥。當肌膚無法提供對外界環境的保護，就會出現皺紋、鬆弛、斑點及暗沉，毛孔也會變得明顯。所以乾燥就是引發所有肌膚問題的起始點。

「礦脂」的力量

天然防護功能＝皮脂膜如果夠強健，肌膚就能維持健康，不受外界刺激。不過，當肌膚日益乾燥，皮脂量減少，就無法保護肌膚。能夠發揮類似皮脂膜功能的，就是礦脂。油性成分停留於肌膚，就能鎖住水分，保護肌膚不受外界刺激。雖然礦脂不具保濕效果，但如果肌膚乾到連化妝水都會滲出，這個方法有時會被皮膚科當作緊急處方。

讓肌膚水潤的飲食

肌膚潤澤有98%都是從飲食開始！
吃得對才能預防乾燥

　　如果擔心肌膚乾燥，與其從化妝水或精華液下手，或許更應該從飲食生活開始改善。因為維護肌膚潤澤度有2～3%為皮脂膜，17～18%為天然保濕因子，剩下的80%都是神經醯胺的作用。天然保濕因子的生成原料是構成蛋白質的氨基酸，它同時也有促進肌膚再生週期的功能。神經醯胺的來源是必須脂肪酸，它具有調整女性賀爾蒙運作的功效。不管哪一種，都必須從食物攝取，所以肌膚潤澤有98%都從食物而來。此外，為了更容易攝入蛋白質和必需脂肪酸，合生元*也是相當必須的。如果有積極攝取這些物質，就能從體內產生肌膚的潤澤度。

促進肌膚再生
週期

蛋白質
（氨基酸）

必須脂肪酸　　**合生元***

神經醯胺的原料　　讓營養吸收
更容易

＊益生菌(乳酸菌)和益菌生(又稱益生元，為食物纖維和寡糖)合成的物質。

有效攝取的訣竅

- 吃飯前先吃酪梨
- 積極攝取魚蝦類
- 蛋白質和維生素C一起攝取

要吃能滋潤肌膚的食物，其攝取方式相當重要。目前最受矚目的方式，就是在飯前先吃酪梨的方法。番茄和紅蘿蔔所含的胡蘿蔔素如果與新鮮的酪梨一起食用，能提高它的吸收率，幫助轉換成能為肌膚帶來緊緻的維生素A，這項效果已在美國俄亥俄州立大學研究中被證實。此外，魚蝦類含有Ω-3（DHA、EPA）等優良的必需脂肪酸。如果和維生素C一起攝取，更能提高其吸收率。

※『Journal of Nutrition』
First published June 4,2014, doi:10.3945/jn.113.187674

對乾燥有效！
建議的食材

酪梨

美肌食材的代表。含豐富的必需脂肪酸，更是為肌膚帶來緊緻的維生素A前導體，能提高胡蘿蔔素的吸收率。膳食纖維的含量也相當豐富。

核桃

含有Ω-3脂肪酸，能夠調整女性賀爾蒙，抑制肌膚發炎，而且還有「美肌維生素」之稱的生物素。更吸引人的地方就是方便攝取。

鮭魚

鮭魚幾乎被稱作是「吃的美容液」，含豐富的滋潤成分。最吸引人的地方就是它同時富含氨基酸和必需脂肪酸。

味噌

很容易吃得到的發酵食品。有報告指出，如果每天喝味噌湯，能提升肌膚保濕力，化妝也比較服貼。

油

多攝取美容所缺乏的必需脂肪酸。最受矚目的南瓜籽油能同時攝取到維生素和礦物質。

牡蠣

又稱「海中牛奶」。牡蠣富含綜合營養。尤其還富含鋅對美肌、指甲和頭髮都很有幫助。

紅椒

其維生素C就算經過加熱，也不易被破壞，能輕鬆攝取美容成分。營養價值最高的是橘色紅椒。

納豆

大豆製品富含夠預防斑點的L-半胱氨酸。透過發酵，納豆成為營養價值翻倍的美容食材。

請大量攝取能製造滋潤的食材，改善乾燥肌膚

凍豆腐

豆腐也含有合成神經醯氨的必須成分，必需脂肪酸。凍豆腐所含的蛋白質比嫩豆腐高10倍，營養價值相當高。

可可

可可含有女性很容易缺乏的膳食纖維和鋅，是抗氧化力相當強的食材。加入豆漿或零脂牛奶，更能增加蛋白質。

※みそ / 株式会社マルコメと東京工科大学 前田憲寿との共同研究

皺紋

別讓小細紋變成深皺紋！

只要有一條線，看起來就比較老……皺紋是大家盡可能不想增加的東西。要
先了解自己的皺紋類型，然後選擇最合適的保養。要改善較深的皺紋，是萬
難的工作！要趁早開始保養，別讓它增加，也別讓它變深。

原因 為什麼會產生「皺紋」？

皺紋不只是乾燥引起

　　照鏡子忽然發現，平常都會恢復的皺紋突然恢復不了。各位是否有這樣的經驗？那麼到底皺紋是怎麼形成的？事實上，皺紋有3種類型。最開始出現的是在肌膚表面角質層所產生的小細紋或棉布紋。這些皺紋的形成主因是乾燥，如果皺紋尚淺，只要補充滋潤皺紋就會變得不明顯。接著出現的是表情紋。緊緻度和彈力都逐漸下降的30歲後，要特別留意笑紋有可能漸漸沒辦法恢復。隨年紀增長，真皮層的膠原蛋白和彈力蛋白就會脆化，變得容易被破壞，造成較深的老化紋。如果皺紋已經深入真皮層，要靠保養來改善就會變得相當困難……。所以對抗皺紋一定要從預防開始，在皺紋變深前，就要開始著手正確的保養。

皺紋最重要是預防！請依照類型選擇最適合的保養吧

皺紋分成3種類型

❶ 小皺紋

因乾燥引起的淡淡小細紋

因乾燥而出現於皮膚，外觀淡淡的小細紋。由於角質層水分不足，容積萎縮，多餘的部分就引發皺紋。這種皺紋的成因是乾燥，乾性肌膚的人可能從年輕就開始出現。

❷ 表情紋

因為表情習慣所造成的皺紋

笑容或生氣，當臉部做出表情而產生的就是表情紋。臉部的肌肉如果過度收縮，皮膚就會產生皺褶，當這些皺褶固定下來，就形成表情紋。會隨著年紀而加深。

❸ 老化紋

隨著年齡加深的皺紋

由於年紀增長，真皮層的膠原蛋白和彈力蛋白脆化、產生的深皺紋。因負責掌管肌膚彈力的膠原蛋白減少，無法再支撐眼周和臉頰皮膚，所以眼下皺紋和法令紋都會加深。

對策 ❶ 改善「小細紋」的保養方式

確實做好保濕，有可能改善小細紋！

小細紋或棉布紋等淺皺紋的成因都是乾燥。就像蘋果果肉如果萎縮變乾，果皮表面就會出現細紋。小細紋和棉布紋就跟蘋果一樣。這些皺紋最容易出現的地方，就是皮膚較薄、容易乾燥的眼周，以及經常運動的眼尾，這些皺紋大概從20幾歲後期開始就會變明顯。在表皮淺處的小皺紋是由於乾燥和保養不足產生，只要早晚確實加強保濕，就能夠漸漸改善。只要保養再加上含保濕成分和油分的眼霜，就可以解決。唇部周圍的皺紋只要多擦點乳液或乳霜就能達到一定效果。肌膚的保水力會隨著年紀降低。若發現小皺紋，就要馬上對抗乾燥。

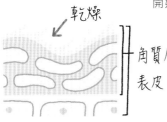

乾燥

角質層
表皮

角質層內的細胞如果滋潤度不足，就會萎縮使容積變小。因此覆蓋在表面的肌膚就會多出來，進而產生小細紋和棉布紋。

保養的重點

○ 使用保濕效果較強的眼霜！

乾燥所造成的小皺紋可用含保濕成分和油分的眼霜徹底保濕。容易乾燥的眼周要加以補充潤澤，並預防水分流失，建議使用容易吸收的眼霜。

就算做好保濕，仍無法改善小細紋時，該怎麼辦？

就算持續保濕保養，仍無法改善小細紋，那麼皺紋就可能變成老化紋……。這種情況，就要改用能為肌膚帶來緊緻和彈力的老化紋對策（參考P140）。這種狀況的鐵律一樣是要盡早開始保養。

對策 ❷ 改善「表情紋」的保養方式

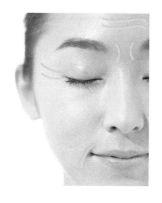

長年累積所產生的表情紋，用醫學美容很有效！

笑或生氣等臉部動作所產生的就是表情紋。這種皺紋是因臉部表情肌過度收縮，在皮膚產生皺紋，這些皺紋固定下來後，就是表情紋。尤其是眉間和眼尾，習慣微笑的人，鼻子也有可能產生橫紋。表情紋是人長年習慣的表情所產生的。隨著年齡增加，當真皮層失去緊緻度和彈力時，這些表情紋就有可能無法恢復，變成皺紋刻印在臉上。長年累積下來，到達真皮層的表情紋無法靠保養改善。如果無論如何都希望表情紋能消失，可以注射玻尿酸或肉毒桿菌，利用醫學美容的功效來改善表情紋，並預防皺紋加深。

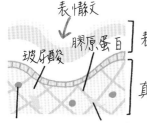

一再重複固定的表情，就會在同樣的地方留下摺痕。當真皮的膠原蛋白纖維因改變而減少後，長年累積下來的摺痕就會變成深溝，形成無法恢復的皺紋。

如果用醫學美容來改善皺紋

方法 ① 注射玻尿酸

讓凹陷下去的深溝往上拉提，消除皺紋

這個方法就是在唇部周圍和眼周皺紋或下凹處直接注射玻尿酸，從皮膚內部往上支撐的醫學美容法。由於玻尿酸是人類原本就有的天然保濕因子，所以會漸漸代謝掉，約半年後就又會恢復原狀。

方法 ② 打肉毒桿菌

抑制慣性表情，不讓皺紋產生

肉毒桿菌是從肉毒菌中萃取出的成分，它能抑制肌肉運動，且具有伸展皺紋的效果。比起深的皺紋，肉毒桿菌更適合用在表情紋，不過他也不能永遠維持。為了減少皺紋，還是要定期施打。

對策 ❸ 改善「老化紋」的保養方式

用適合自己的保養，不管 預防還是對抗都可能有效

老化紋的主要成因，是真皮層的膠原蛋白和彈力蛋白、及纖維母細胞變性及減少。隨著年齡增加，真皮層的膠原蛋白組織會脆化，容易受到破壞，且因數量減少，導致肌膚失去緊緻度和彈力，形成深的皺紋。此外，深入肌膚破壞真皮層膠原蛋白組織的紫外線，也是造成皺紋

的主要原因。年輕時如果大量曝曬在紫外線下，就容易產生皺紋，這點需要留意。老化紋的保養方式，就是增加膠原蛋白含量。使用能促進膠原蛋白生成的維生素C或視黃醇等抗氧化化妝品，並定期去角質，這樣就能夠減輕老化紋。這些保養對預防肌膚鬆弛也相當有效。

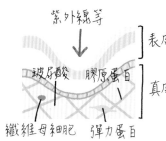

真皮層膠原蛋白和彈力蛋白的連結能力變弱，無法支撐肌膚後，就會在皮膚上產生深溝，這就是老化紋。額頭或眼尾、以及容易鬆弛的眼下和嘴唇周圍都會出現。

保養的重點

使用含維生素C、視黃醇的化妝品

含有抗老化效果、高抗氧化成分的化妝品，是對抗老化紋的必要產品！其中維生素C和視黃醇最具代表性。維生素C能促進膠原蛋白生成，縮小毛孔、提高肌膚保濕力並為肌膚帶來緊緻和彈力。建議選擇方便使用的化妝水。視黃醇能調整肌膚再生週期，針對纖維母細胞作用，讓膠原蛋白增加。但它的刺激性較強，剛開始使用時要先從少量開始。

以去角質來促進肌膚再生

隨著年齡增加，肌膚再生的速度=肌膚再生週期就會逐漸遲緩，代謝也會變差。這些都是助長皺紋的原因。利用酸性物質或酵素來去除老廢角質，這個動作能促進肌膚再生，活化真皮層的纖維母細胞，具有讓膠原蛋白增生的作用。如果從小細紋開始，定期為肌膚去角質，那麼就能預防老化紋。

➡ see P35

促進女性賀爾蒙（雌激素）

女性擁有像圓潤的身材、柔軟的肌膚、有光澤的頭髮，是因為有女性賀爾蒙發揮作用。女性賀爾蒙（雌激素）據說能促進真皮層的膠原蛋白生成。因此可以積極攝取和女性賀爾蒙作用類似的大豆異黃酮。一天的飲食當中攝取豆腐或納豆，就能從體內開始對抗皺紋。

➡ **see P65**

促進膠原蛋白生成（化妝品・醫學美容）

靠保養促進膠原蛋白生成，最有效的就是使用含有抗氧化成分的化妝品。如果要採取醫學美容，建議先從化學脫皮以及離子導入開始。想要獲得更好效果的人，可以採用高週波或雷射治療。透過光和熱等給予真皮的膠原蛋白纖維刺激，利用肌膚重建過程讓膠原蛋白增生，就能改善皺紋和鬆弛。

➡ **see P208~**

平常做好
UV防護也
相當重要

要小心快速減肥！

快速減肥不但身體的脂肪會減少，臉部脂肪和肌肉量也會減少。這樣，皮下組織體積減少，皮膚變得過多，就容易產生皺紋和鬆弛。

容易產生皺紋的臉型是？

皺紋容易產生在皮膚較薄、運動量較大的地方，不過臉型也會影響皺紋產生。例如法令紋。容易產生法令紋的人，就是臉頰面積較大、尤其臉頰屬於直長型的人。眼睛下方的淚溝紋較容易出現在眼睛大又圓的人身上。此外，嘴巴內凹的人要注意從嘴角向下產生的木偶紋（參考P165）。

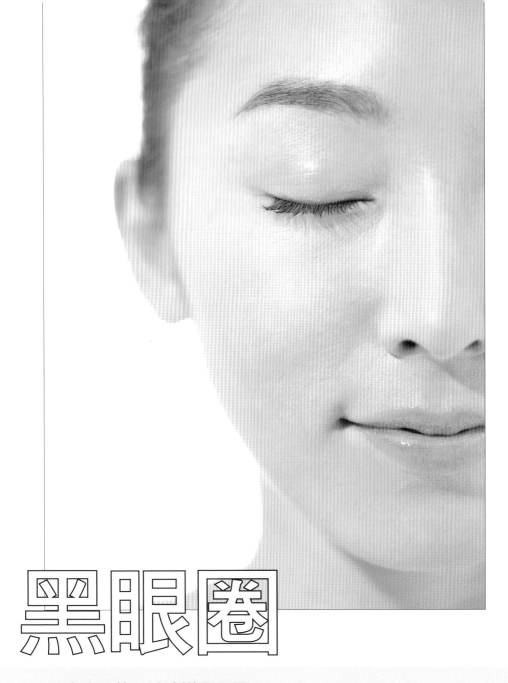

黑眼圈

正確的保養可以改變黑眼圈！

眼周又黑又暗沉的黑眼圈……。這是每個人都有可能遇到的煩惱，其原因不只1個。要先了解自己的黑眼圈是哪種類型，然後從正確的保養開始！讓我們一起找回明亮有神又年輕的雙眼吧。

「黑眼圈」如何形成？

黑眼圈有3種類型

　　皮膚薄又容易乾燥的眼周有可能會出現各種困擾。其中所有年紀都有可能會有的，就是眼睛下方的黑眼圈。很多人可能會留意眼周暗沉、顏色有所變化，但事實上，黑眼圈又可分為3種。其中一種是因血液循環不良而引起的藍色黑眼圈。這種黑眼圈的形成原因，是因為睡眠不足或寒冷，造成眼周血流減少，從皮膚可以透視到靜脈血，所以眼睛下方看起來就藍藍的。第2種是由於摩擦或紫外線傷害所造成，因色素沉澱導致的黑眼圈。由於皮膚的顏色看起來暗沉偏咖啡，所以又稱為咖啡眼圈。第3種就是黑眼圈。因為乾燥或年紀增加，真皮成分衰退所造成，眼睛下方會產生鬆弛和凹凸，皮膚皺褶的影子看起來就像黑色的。

有可能同時產生2種黑眼圈

3種類型的黑眼圈如果都各自採取適當保養，那麼黑眼圈有可能逐漸獲得改善。不過，眼周相當細緻且容易受傷，有時可能同時產生2種黑眼圈。要先以右圖方法，確認自己的黑眼圈屬於哪種類型。

總結眼周的特徵

- 皮膚薄
- 經常運動（對肌膚的負擔大）
- 容易乾燥
- 容易產生皺紋

黑眼圈的分辨方式

將眼尾向旁邊拉

➡ 如果顏色變淡
藍眼圈

➡ 如果顏色沒變
咖啡眼圈

眼睛向上看

➡ 如果顏色變淡
黑眼圈

對策 ❶ 改善「藍眼圈」的保養方式

促進停滯的血流循環，目標恢復明亮的眼周

持續睡眠不足、過度使用電腦眼睛過度疲勞的人，容易因血液循環不良引發藍眼圈。當血液循環不良，導致原本應該被排出的廢物無法排出，停滯的血管透出，造成眼睛下方看起來藍藍的。要改善這種狀況，最有效的就是促進血液循環，讓廢物得以排除。按摩眼周雖然是一時的解決方法，但可使眼周馬上變亮。所以日常保養加入按摩，就能促進血液循環。

保養的重點

○ 用按摩讓血液循環變好

要改善藍眼圈，每天早晚的保養都要加入按摩。保養的最後步驟，從眼睛下方眼骨和眉毛下方輕輕按壓，這個動作能促進血液循環，讓眼周變明亮。如使用含有咖啡因成分的眼霜，就能讓血管擴張，促進老廢物質排出。若要消除眼睛疲勞的話，建議使用熱毛巾做冷熱護理。每天持續這些動作，藍眼圈就會漸漸改善。

透過點壓按摩促進血液循環

保養須留意的重點

眼周相當細緻，因此嚴禁使用過度力道按摩。建議使用無名指指腹，在眼睛上下輕輕點壓按摩，施力方式要垂直向下。只要按壓自己覺得很舒服的地方，就能促進血液循環，並減緩眼睛疲勞。

對策 ❷ 改善「咖啡眼圈」的保養方式

對抗色素沉澱的咖啡眼圈，用美白保養有效

因摩擦、皮疹或紫外線傷害所引起的咖啡眼圈，其實就是慢性色素沉澱。卸妝時如果用力摩擦眼周、或接觸過多紫外線，肌膚為了提高保護功能，就會產生許多黑色素，這些黑色素無法排除時，就會讓眼周變暗沉。咖啡眼圈保養方式，最有效的就是抑制發炎，並使用促進黑色素排出的美白保養。保養時，再加上眼周專用的美白產品，就能逐漸改善頑固的色素沉澱。

保養的重點

○ 使用具美白效果的眼霜！

因慢性色素沉澱造成咖啡眼圈，最適合美白保養。它和斑點保養相同，保養時最好使用含有美白成分、能還原、排出黑色素，並抑制發炎的眼霜。咖啡眼圈不只會出現在眼睛下方，連眼皮都會產生，所以眼霜要塗抹在全眼。尤其是有花粉症、容易揉眼睛的人，以及眼妝畫得很完整的人，眼睛整體都很容易暗沉，因此要用具有美白效果的眼霜確實保養。

眼霜要塗在全眼

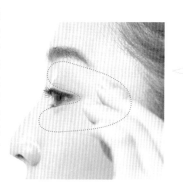

保養時須留意的重點

咖啡眼圈大多是因摩擦引起，最重要就是不要揉眼睛。眼妝畫得很完整的人，要用眼部卸妝產品溫柔卸除。此外，保護肌膚遠離紫外線也相當重要。眼周也不要忘了做UV防護。

對策 ❸ 改善「黑眼圈」的保養方式

用緊緻度和彈力保養
揮別眼周黑影！

乾燥和年齡增加，導致真皮層的支撐成分衰退，肌膚緊緻度和彈力就會減少。皮膚較薄的眼周特別容易受到這些影響，眼睛下方會鬆弛並凹凸不平，這些陰影就形成看起來黑黑的黑眼圈。對抗黑眼圈的有效方式，就是採取肌膚保濕來預防乾燥，並使用能提高緊緻度和彈力的抗老化產品加以保養。如果希望眼周不要鬆弛，那麼就用含有強化真皮層膠原蛋白的維生素C或視黃醇的眼霜，加以預防及改善。

保養的重點

○ 使用讓肌膚提高緊緻度的眼霜！

黑眼圈是因為年紀增加，導致肌膚失去緊緻度和彈力，皮膚鬆弛所產生的老化現象。只要年紀增加，每個人都有可能遇到，因此提早開始保養相當重要。建議使用含有能促進膠原蛋白生成的維生素C或視黃醇的眼霜。不過，視黃醇的刺激性較強，建議只塗抹在眼睛下方。對抗黑眼圈，主動出擊，一定能獲勝！只要感覺眼睛下方肌肉鬆弛，就要馬上開始保養。

含視黃醇（維生素A）的產品主要用於眼睛下方！

保養時須留意的重點

肌膚明顯鬆弛，就代表真皮層的膠原蛋白纖維脆化，變得容易受到破壞。如果保養力道過強，正常的膠原蛋白就無法生成，鬆弛會越來越嚴重……。在用眼霜按摩時，要盡量不要動到肌膚，最基本的方式就是溫柔塗抹。

黑眼圈大煩惱的Q&A

Q 還是不了解
自己的眼圈類型

A 黑眼圈的成因是複合式的,所以要判斷自己黑眼圈類型有點難度。只要先了解那些特色的人容易出現藍色、咖啡色還是黑色的眼圈,以及自己的膚質,就可以當作判斷黑眼圈類型的標準。藍色眼圈容易出現在皮膚顏色白、且皮膚較薄的人身上。咖啡色眼圈則是容易出現在皮膚一曬就變紅、變黑、的人身上。黑色眼圈容易出現在眼睛大、特色鮮明的人身上。請以此為參考依據,重新檢視自己的黑眼圈屬於哪一種吧。

Q 如果同時有2種黑眼圈,
該怎麼辦?

A 因睡眠不足或用眼過度,導致血液循環不良而造成的藍眼圈,眼圈顏色有可能每天深淺不同。這種狀況每個人都有可能產生,所以每天保養都要加以點壓眼周,提高血液循環。此外,如果擔心出現咖啡眼圈,可以採用促進排除黑色素的美白保養。黑眼圈很明顯的人,可以使用提高肌膚緊緻度的視黃醇化妝品,每天努力不懈地保養眼周。

Q 對黑眼圈有幫助
的營養是什麼?

A 要預防黑眼圈,建議積極攝取能夠促進血液循環的鐵質和維生素E。富含鐵質的食物有紅肉、紅肉魚,富含維生素E的食物則是杏仁。不過,如果黑眼圈馬上就出現、或肌膚暗沉狀況嚴重的人,也有可能是因為鐵質不足,導致貧血。尤其併發畏寒和頭痛的人,更有可能是貧血造成。如果是貧血症狀的人,不補充補給品或透過吃藥、打點滴來補足鐵質,要改善黑眼圈或暗沉就比較難了。

Q 如果採取醫學美容呢?

A 針對根深蒂固的肌膚問題,借醫學美容之力解決也是一種方式。因色素沉澱的咖啡眼圈,可以採用離子導入美白劑或維生素C。如果擔心肌膚乾燥,導入胎盤素也相當有效。這些方式都會在手術後讓眼周立刻變亮,雖具有即時的功效,但是無法持久。因年紀增長導致的黑眼圈,只要在鬆弛和凹凸較明顯的地方注射玻尿酸,馬上就能恢復成膨滿的眼周肌膚。此外,如果使用RF高週波射頻,從肌膚深層讓彈力恢復,這也是相當有效的方式。

毛孔

現在就和根深蒂固的惱人毛孔訣別吧！

很多人有毛孔變大、黑頭明顯等惱人問題。不過，各位是否有好好了解，為何毛孔會變得這麼明顯？本書將針對4種根深蒂固的毛孔問題，一面確認、一面介紹正確的保養方式。

 「毛孔」為什麼會明顯？

明顯的毛孔有4種類型

我們的肌膚透過毛孔分泌油脂獲得保護，阻隔灰塵和細菌，並預防乾燥。毛孔是原本就存在於肌膚的構造，所以不可能讓它消失，不過到底為什麼毛孔會變明顯？毛孔明顯的原因，可概分為4種。

①皮脂分泌量多，毛孔就張開變大。②毛孔的皮脂氧化變黑。③年紀增加導致肌膚鬆弛，毛孔就變得明顯。④因乾燥導致肌膚萎縮，毛孔陰影看起來黑黑的。那麼，你的毛孔是屬於哪一種呢？

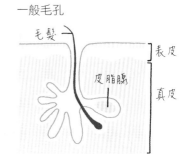

① 開放式毛孔

- ☐ 早上起床會覺得肌膚黏黏的
- ☐ 肌膚容易油光滿面
- ☐ 化妝容易脫妝

② 黑頭毛孔

- ☐ 肌膚容易粗糙
- ☐ 容易長面皰
- ☐ 洗臉、卸妝時很隨便

③ 下垂毛孔

- ☐ 肌膚緊緻感和彈力降低
- ☐ 臉頰的毛孔特別明顯
- ☐ 年齡30歲以上

④ 乾燥毛孔

- ☐ 洗臉後，肌膚緊繃
- ☐ 肌理紊亂
- ☐ 冬天毛孔比夏天還明顯

對策 ❶ 改善「開放式毛孔」的保養方式

去除過多的皮脂，
縮小張開的毛孔

毛孔深處有皮脂腺，皮脂就是從這裡分泌。皮脂分泌量多的油性肌膚，會因皮脂腺發達，導致皮脂出口也變大，就是毛孔又圓又大且醒目的原因。皮脂腺會在皮脂分泌旺盛的青春期較為發達，女性的毛孔大部分會在20歲後縮小，不過皮脂分泌量較多的鼻子周圍，其毛孔很容易打開，因此要以這部分為主，確實保養。開放式毛孔的保養方式，就是去除過多的皮脂，每天洗臉是最有效的方法。毛孔又大又開的人可以透過去角質剝離的方式，促進膠原蛋白生成，讓真皮重建，這樣毛孔就會漸漸縮小緊閉。

保養的重點

- ○ 重新檢視洗臉方式
- ○ 去角質剝離
- ○ 使用吸油面紙

肌膚為了要防止乾燥和隔絕細菌，每天都會分泌皮脂。因此，由皮脂所致的開放式毛孔要每天保養。首先重新檢視洗臉用品。每天早晚都要確實使用能帶走皮脂的肥皂或酵素洗臉。此外，臉上如果出油，毛孔看起來就會更明顯，所以要用吸油面紙勤加保養。吸油面紙可以帶走過多的皮脂，不僅能預防脫妝，也可以抑制白天分泌的油脂氧化。如果開放式毛孔的狀況變嚴重，就要加入去角質的保養方式。如果使用溫和去角質、含AHA成分的洗面產品或精華液，真皮層就會膨滿變厚，毛孔也會稍微變小。藉由每天持續適當的保養，就能改善開放式毛孔。

對策② 改善「黑頭毛孔」的保養方式

不要隨便去除黑頭，
從身體內部也能治好

毛孔分泌的皮脂接觸到空氣氧化後，顏色就會變成咖啡色且變硬。這些皮脂再與灰塵或彩妝等髒汙、及老廢角質混合，阻塞於毛孔並擠壓後，就形成黑頭毛孔。要改善毛孔內阻塞的黑頭，首先別讓皮脂和髒汙逗留在臉上。可以試試改善洗臉方式、使用皮脂吸附效果較佳的黏土型面膜，或是使用含酵素的面膜加以保養。再加上攝取富含能夠代謝脂質的維生素B2、B6等食材，就能從體內開始保養。具有抗氧化效果的維生素C也相當有效。脂質的代謝率會隨著年紀增加而降低，30歲以後就要積極攝取。

保養的重點

- 改善洗臉方式
- 使用酵素或黏土面膜
- 去除角質
- 攝取維生素B2、B6、C

氧化的皮脂變硬後，用手指擠壓就會彈出表面，但絕對不能硬擠。真皮層的膠原蛋白受到破壞後，反而會讓毛孔變得更明顯。與其把它擠出來，不如盡量別讓皮脂或污垢在臉上逗留，換個能洗乾淨的洗臉產品。當肌膚粗糙時，用較細的粒子按摩肌膚也是一種方式。此外，建議使用能夠吸附皮脂和汙垢的黏土面膜、或含有酵素成分的面膜，去除角質也是必要的。30歲以後，皮脂分泌量會減少，脂質的代謝率也會下降，所以皮脂就更容易留在臉上，這也可能助長黑頭毛孔產生。建議積極攝取能夠提高脂質代謝、富含維生素B2和B6的豬肉以及黃綠色蔬菜。如果連同抗氧化力高的維生素C一起攝取，就更有效。

對策 ❸ 改善「下垂毛孔」的保養方式

這種狀況「無法恢復原狀」，只能讓症狀不要惡化！

皮膚的膠原蛋白和彈力蛋白會隨著年紀增加而減少，肌膚就會失去緊緻和彈力。因此肌膚無法抵抗重力，毛孔周圍就會鬆弛，形成淚滴狀的下垂毛孔。這種下垂的毛孔會出現在部分臉頰，屬於老化的初期變化。毛孔一旦下垂鬆弛，就無法恢復原狀，所以最重要是別讓這種症狀加劇。因此，要去除因年齡增加而逐漸難以去除的老廢角質，在保養步驟加入促進皮下組織再生的剝離法。使用含視黃醇、能促進肌膚再生週期的精華液也相當有效。只要出現下垂毛孔，就是要開始進入抗氧化保養的時期，一定要採取正確的保養方式！

保養的重點

- 利用角質剝離促進肌膚再生週期
- 留意按摩
- 使用含視黃醇的精華液
- 攝取維生素C

下垂的毛孔就是老化的初期症狀。首先要促進隨著年紀增加而延緩的肌膚再生週期，然後採取讓皮下組織生成量提高的角質剝離法，將這些動作加入日常的保養習慣內。30歲以後的人，在美容診所定期接受剝離術也相當有效。當然也可以使用具有讓膠原蛋白增加效果的視黃醇精華液。然後大量攝取能夠促進膠原蛋白增生的維生素C。維生素C不僅可以為肌膚帶來緊緻和彈力，還具有淡斑和減緩鬆弛的效果，能從體內開始抗老化。此外，按摩可以讓淋巴的流動變好，提高代謝，對毛孔的保養雖然有效，但如果按摩過度，或力道太強讓肌膚過度運動，反而會助長鬆弛，所以要留意。

對策 改善「乾燥毛孔」的保養方式

④

只要好好保養，就能輕鬆改善！

乾燥的毛孔是因為角質潤澤度不足所引起。當角質潤澤度不足時，肌膚表面就會像有皺紋一樣，肌理紊亂且毛孔周圍也會凹陷。這些凹陷會形成陰影，讓毛孔看起來黑黑的。保養不足的人、或在意毛孔髒汙而過度清潔的人，都很容易讓毛孔乾燥，因此要特別留意。

首先，改用不會帶走太多皮脂的洗面乳。洗臉後，用大量化妝水讓肌膚補充水分，然後再利用乳液或乳霜的油分來防止水分流失。只要持續正確的乾燥毛孔保養方式，就能輕鬆改善狀況。如此肌理也會比較平整，肌膚就會變得很漂亮。

保養的重點

- ○ 重新改變洗臉方式
- ○ 留意錯誤的保養方式
- ○ 採用正確的保濕護理

持續使用錯誤的保養方式，就算10幾20歲的肌膚，毛孔也會變得很明顯。有些人明明是乾燥型肌膚，卻使用洗完皮膚會很乾淨的洗面乳，因為討厭黏膩，所以不使用乳液或乳霜。這樣乾燥會越來越嚴重，導致毛孔越來越明顯。不容易上妝、一到冬天毛孔就很明顯的人，很有可能屬於乾燥毛孔。這種類型的人，

首先要將洗臉產品換成不會洗去太多皮脂的滋潤型。接著選用含神經醯氨或玻尿酸的化妝水及精華液，來補充角質的水分，當然也要用乳液或乳霜。尤其容易乾燥的臉頰，毛孔會更明顯，只要用面膜充分補充角質的水分，調整肌理，就能讓毛孔緊緻。乾燥毛孔就能透過正確的保濕保養，獲得改善！

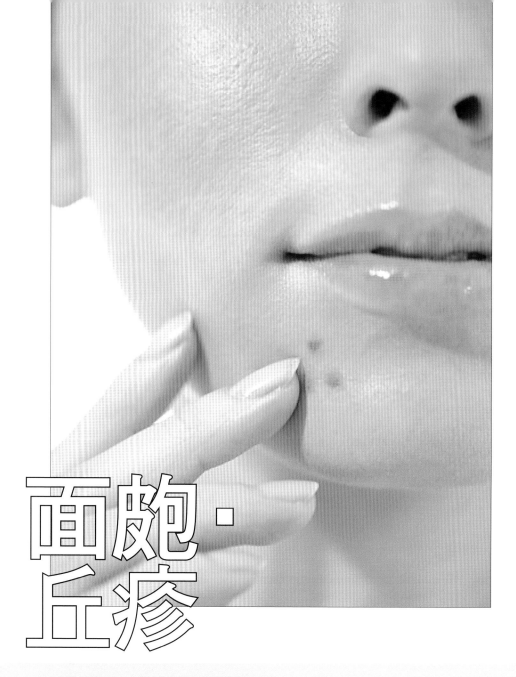

面皰·丘疹

用正確方式保養，面皰不再來！

面皰不一定是因為皮脂量增加而產生。睡眠不足或壓力、飲食生活等也佔很大原因。此外，成人面皰不好治療，又容易留下疤痕，所以預防面皰相當重要。如果長了面皰，就要用適當保養讓它不再惡化。

為何會長面皰·丘疹？

角質、皮脂和面皰菌都是成因

面皰不只會出現在皮脂分泌旺盛的青春期，成人也會有。到底面皰是如何形成的？首先，毛孔因角質停留而阻塞，讓原本應該分泌出來的皮脂塞在毛孔裡，導致面皰菌繁殖過剩而產生面皰。面皰菌是每個人都有的常在型細菌。角質堆積、皮脂過多、面皰菌，這3個因素相加，就是形成面皰的原因。面皰和丘疹基本上是相同的，不過形成的原因卻有很多種。而面皰又可依其症狀，分成白面皰、黑面皰、紅面皰、黃面皰4種。這些種類的症狀別和對應方式，會分別在本書第157頁後介紹。

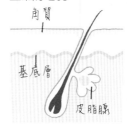

正常的毛孔

正常毛孔的皮脂腺有正常的分泌通道，能夠從肌膚表面排出皮脂，形成皮脂膜以保護肌膚。

產生面皰的初期階段

如果毛孔被角質阻塞，皮脂就會囤積，造成面皰菌增殖，讓毛孔發炎。

為何年輕時容易長面皰？

面皰容易受到皮脂腺影響，當皮脂量增加，就容易長面皰。加上面皰菌的增生是以皮脂為養分來源，皮脂分泌旺盛的青春期，面皰菌也會增加，所以特別容易長面皰。通常都會長在皮脂分泌量較多的臉部中央、T字部位以及髮際線附近。

成人與年輕人面皰的差異？

成人面皰的成因和年輕時因皮脂分泌增加而產生的面皰不同，成人面皰是因為皮脂代謝率下降而引起。雖然隨著年紀增長，皮脂分泌會跟著減少，不過身體對脂質的代謝率也會降低，皮脂就容易滯留形成面皰。唇部周圍和臉緣最容易長面皰，特徵就是不容易治療，且容易留下痕跡。

形成面皰·丘疹的原因

壓力

男性賀爾蒙會讓皮脂分泌量增加

當受到壓力時，身體就會大量分泌雄性激素。雄性激素產生後，促進皮脂分泌，皮脂量增加，就構成長面皰的原因。

乾燥

乾燥會導致皮脂分泌過剩

皮膚具有感應功能，當皮脂量不足，皮膚接收到感應，就會分泌皮脂。過多的皮脂會引發面皰生長。明明很乾燥，肌膚卻黏黏的，就是這項功能在發揮作用。

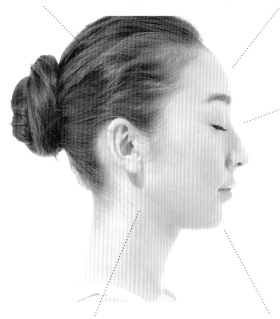

過度清潔

因洗臉導致皮膚乾燥，皮脂分泌就會增加

如果洗臉時，洗掉過多皮脂，就跟上述乾燥症狀一樣，當皮脂認為分泌不足，就會分泌出過多的量。因此要小心選擇洗臉和卸妝的產品。

飲食生活紊亂

甜食會促進皮脂分泌

辛香料或咖啡因等刺激性食物、巧克力、砂糖等甜食都有促進皮脂分泌的作用。用點心代替正餐的人，比較容易長面皰，因此要特別注意。

維生素B_2、B_6不足

脂質代謝率降低

維生素B_2和B_6能夠促進脂質代謝，具有控制皮脂分泌的作用。當這些維生素不足，就容易導致皮脂分泌過多而停留在毛孔，這也是面皰的成因。

了解自己面皰的狀態

白面皰・黑面皰

毛孔阻塞皮脂滯留，屬於面皰形成的初期階段

當毛孔阻塞、角質滯留，皮脂停留在毛孔裡導致面皰菌增生，肌膚表面就會凸凸的。這就是白面皰。白面皰並非毛孔內部發炎，因此不會覺得疼痛。如果白面皰裡混雜細毛或髒汙，導致皮脂氧化，就會形成黑面皰。黑面皰同樣不具發炎特質，所以也不會痛。

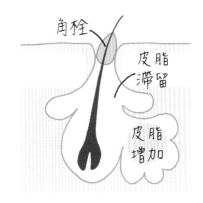

紅面皰

如果引起發炎，毛孔周圍就會變紅腫脹，形成紅面皰

在毛孔中增生的面皰菌如果引起發炎，就會產生有疼痛感的紅面皰。這屬於身體的免疫反應，發炎的毛孔中央和周圍會聚集白血球，用來抵抗面皰菌。如果任意弄破或搓揉紅面皰，發炎面積就會擴大，造成較深的面皰痕跡。紅面皰最重要就是不要摸，預防其惡化。

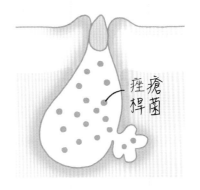

黃面皰

黃面皰是對抗發炎後的白血球殘骸

白血球抵抗面皰菌後的殘骸，顏色會變黃，像化膿一樣，就是黃面皰。面皰是表皮皮脂腺上的產物，如果發炎，就形成有膿包的黃面皰。發炎狀況嚴重的黃面皰會破壞毛孔壁，留下凹陷至真皮層的火山口狀痕跡。如果不想變成那樣，每天的保養都要確實保持肌膚清潔。

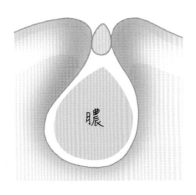

對策 ❶ 依照面皰狀態修正保養方式

白面皰

使用具有去角質剝離效果的洗面乳，保持肌膚清潔

如果長出白面皰，那就要讓面皰菌別再增加，保持肌膚清潔。具有去角質效果的洗面乳能溫和去除角質，透過溫柔地除去毛孔裡滯留的角質，毛孔透氣性就會變好。在意乾燥的人，只要在有長面皰的地方以泡泡清潔後洗淨即可。

黑面皰

預防氧化，添加含維生素C的化妝品

黑面皰原則上和白面皰的保養方式相同，不過黑面皰是因皮脂氧化造成，所以使用含抗氧化力高的維生素C化妝品相當有效。維生素C能抑制皮脂分泌，具有收縮毛孔的效果，所以很適合治療痘疤。持續使用的話臉部就不容易長面皰，肌膚也會變得光滑。

紅面皰

長紅面皰時就別化妝

紅面皰代表肌膚處於發炎狀態，所以要盡量減少對肌膚的刺激，讓面皰不再惡化。此外，面皰菌討厭空氣，所以長出紅面皰，就盡量不要上底妝。這樣也可以省去卸妝，降低對肌膚的刺激。發炎狀況嚴重時，要馬上去皮膚科就醫。

黃面皰

配合症狀，採用不留痘疤的保養

長黃面皰時，保養方式和紅面皰一樣。如果長出膿包，就要採用不留痘疤的保養。如果因為色素沉澱導致的痘疤，就要採美白保養。稍微凹陷的痘疤要利用去角質、及使用含視黃醇的化妝品來逐步改善。若形成火山狀的深痘疤，光靠保養無法去除。最好的辦法就是借助醫學美容之力。

其他應該要注意的事項

○ 睡眠要充足
○ 不要摸臉
○ 盡量別讓頭髮碰到臉部
○ 好好與壓力相處

長面皰的地方容易有其他細菌孳生，所以要盡量不摸臉、也不要讓頭髮碰到臉部。此外，睡眠不足和壓力都會促進皮脂分泌。如果希望不要再長更多面皰，改變生活習慣也相當重要。

對策 ❷ 面皰的預防和對策

○ 磨砂膏或去角質剝離

方便使用又有效的，就是磨砂膏以及去角質剝離。粒子較細的磨砂膏能溫和去除角質，讓肌膚恢復光滑。此外，隨著年紀增加，角質會變得容易滯留，平常如果使用含角質保養作用的化妝品，就能一邊預防面皰，一邊調整肌膚再生週期。

○ 改變洗臉方式

容易長面皰的人，臉上面皰菌就比較多。為了不讓面皰菌繁殖過剩，透過洗臉來保持臉部清潔相當重要。洗臉要選用適合膚質的產品，確實清潔。皮脂分泌較多的T字部位和髮際要特別留意。洗臉時，也要注意不要有泡泡殘留，要確實沖洗。

○ 攝取維生素B₂和B₆的補給品

要預防面皰，建議攝取複合式的維生素B₂和B₆補給品，這些維生素能提高免疫力，並預防肌膚粗糙。除此之外，它還能提高因年齡而降低的代謝率，並控制造成面皰的皮脂分泌量。補給品要發揮功效，需要一段時間，因此每天都要攝取，不能忘記。

○ 使用添加硫磺或酒精的專門化妝品

保養時，可以添加具有殺菌作用及軟化角質效果的硫磺、以及去脂效果強含酒精化妝品。這些針對已長出來的面皰也有效果，但由於去皮脂的作用較強，建議只用在面皰上。可用化妝棉或棉花棒沾取，盡量以不刺激皮膚的方式塗抹。

常識！

要怎麼和生理痘相處？

生理期前，因賀爾蒙分泌的關係，導致皮脂分泌旺盛，下顎和鬢角容易長痘痘。如果真的長出來，不要覺得有壓力，也盡量不要摸它。平常可增加攝取和脂質代謝有關的維生素B₂、B₆和B₁₂，以及含維生素C、E的食物，也可以吃綜合維生素補給品。面皰嚴重的人最好還是去皮膚科看診。

對策 ❸ 利用飲食抑制皮脂分泌

☐ 攝取維生素類

- ○ 黃綠色蔬菜
- ○ 膳食纖維
- ○ 水果（維生素C）
- ○ 鰻魚
- ○ 南瓜
- ○ 納豆

利用食材的功效來控制皮脂分泌

納豆或肝臟中富含的維生素B₂能促進脂質代謝，不但能提高免疫力，美肌效果也佳。此外，南瓜所含的β-胡蘿蔔素（維生素A）能調整肌膚再生週期，而且能在體內轉換成抑制皮脂分泌的視黃醇。而為了預防皮脂氧化，攝取維生素C和E也相當有效。只要了解各種食材的作用，就能夠透過飲食抑制皮脂分泌。

☐ 要控制刺激性和油脂量過多的食物

- ✕ 咖啡因（咖啡）
- ✕ 巧克力
- ✕ 辛辣食物
- ✕ 生奶油
- ✕ 白砂糖
- ✕ 高脂肪食物

刺激性食物和甜食都會讓皮脂分泌量上升

有些食材也會促進皮脂分泌。例如，辣的辛香料以及咖啡因。這些食物會刺激腸胃，讓長出來的痘痘更加嚴重。脂肪量高的生奶油、巧克力和白砂糖等甜食也會促進皮脂分泌。容易長面皰的人要控制這類飲食。改善飲食習慣，對面皰也是相當重要的對策。

如何治療痘疤？

痘疤 ① 色素沉澱

色素沉澱造成的痘疤，可以用美白保養排出黑色素！

面皰如果發炎，就會引發黑色素生成，留下淡淡的咖啡色、像斑點一樣的痘疤。由於是色素沉澱造成，若每天保養時，用含美白成分的化妝品，疤痕就會漸漸變淡。也建議使用含高抗發炎作用、能抑制黑色素生成的維生素C化妝品。維生素C同時具有抑制皮脂分泌的效果，能同時美白並預防面皰。

痘疤 ② 火山口狀

如果痘疤惡化，就需要皮膚科診所來治療

如果只是輕微凹陷的痘疤，只要去除角質，促進真皮生成，就能逐漸改善。保養時，也可以加上促進肌膚再生週期、為肌膚帶來緊緻度的含視黃醇化妝品。要是凹陷已到達真皮層，形成火山口狀的痘疤，光靠保養就很難治療了。這時可以採用皮膚科診所的化學剝離術或雷射治療，提高肌膚的再生能力。

常識！

皮膚科診所的治療方式

如果面皰狀況嚴重，千萬不要猶豫，要馬上前往診所看診。如果是又紅又腫的面皰，通常會開抑制發炎內服和外用藥處方。針對沒有發炎的白面皰、或發炎後產生的黃面皰，診所會在面皰前端先撐開一個洞，用專用器具將毛孔內的髒污擠出後治療。針對較深的火山口狀痘疤，會採用極細的擠壓器先讓肌膚產生無數個傷痕，在用提高膠原蛋白生成及肌膚再生能力的手術，來改善痘疤。

改善痘疤相當困難！面皰最重要的是預防。

鬆弛

阻止老化的容顏！請馬上開始針對鬆弛保養

隨著年齡增加，肌膚也會加速「鬆弛」。不管是法令紋還是眼睛下方的深紋，或臉部線條變得不明顯等，這些鬆弛的狀態都是老化容顏的元凶！而且，肌膚一旦鬆弛，就很難恢復……。因此，對抗鬆弛的保養絕對沒有過早開始的問題。必須用正確的保養來阻止容顏老化。

原因 # 肌膚為什麼會「鬆弛」?

失去緊緻度的肌膚所產生的老化現象就是鬆弛

當肌膚失去緊緻度出現鬆弛，臉部看起來就會一下子變老。引起肌膚鬆弛的最大原因，分成3種。第1，就是真皮層的纖維母細胞生成能力減弱，從真皮層產生、能夠支撐真皮的膠原蛋白和彈力蛋白量減少，讓肌膚失去緊緻度。第2，就是因年紀增長，真皮和表皮之間的連結變弱。當真皮和表皮沒有確實連結時，肌膚就無法抵抗重力，開始下垂、鬆弛。第3，則是肌肉量減少。和身體一樣，臉部的肌肉量也會隨著年齡而減少，逐漸變得無法支撐皮膚，導致法令紋等紋路變得更明顯。此外，出現鬆弛的模式會因臉部特徵和骨骼而不同。下一頁將會針對各種不同的症狀，逐一介紹其對策。

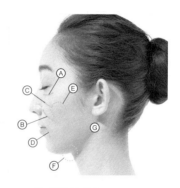

Ⓐ 眼睛下方

Ⓑ 法令紋

Ⓒ 淚溝紋

Ⓓ 木偶紋

Ⓔ 毛孔

Ⓕ 雙下巴

Ⓖ 臉部線條

鬆弛的原因

☐ 乾燥

☐ 年齡增長（老化）

☐ 重力

☐ 紫外線

☐ 急速減肥

☐ 習慣性表情或慣性髮型

☐ 過度按摩
（過度使用按摩器材）

對策 ① 原因 ①
膠原蛋白‧彈力蛋白的量減少

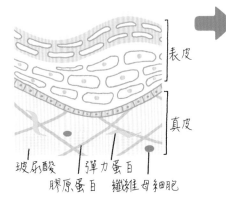

表皮

真皮

玻尿酸　彈力蛋白
膠原蛋白　纖維母細胞

➡ 眼周皺紋、唇邊皺紋、
頸部皺紋、鬆弛的毛孔

年齡逐漸增加後，真皮層的纖維母細胞生成量就會減少，造成膠原蛋白和彈力蛋白含量也減少。如此肌膚就會失去緊緻度，導致皺紋和鬆弛變得明顯。剛開始的症狀就是毛孔鬆弛。只要一出現鬆弛，就無法再恢復原狀。如果發現臉頰出現淚滴狀毛孔，就要立刻開始進行角質剝離，藉此活化纖維母細胞。針對鬆弛的保養=抗老化保養，第一要件就是預防。

保養的重點

○ 靠角質剝離 讓肌膚再生力提高

角質剝離就是利用酸性物質或酵素，讓停留在肌膚表面的角溶解，透過促進肌膚再生，來活化纖維母細胞。如果定期進行，膠原蛋白等含量也會增加，就能改善 & 預防鬆弛。年紀增長，肌膚再生週期會變長，角質變厚，肌膚的緊緻度和光澤、透明感等都會降低。30歲開始，就要為促進肌膚再生而採取角質剝離的保養。

➡ see P35

如何用醫學美容 改善鬆弛

醫學美容有各種改善鬆弛的方式。針對法令紋等下凹處，可注射玻尿酸，讓肌膚能夠從內部支撐。如果要促進膠原蛋白增生，可以用高週波治療或雷射破壞肌膚，讓真皮層重新建構。這些手術效果並非永遠持續，因此最重要的還是每日的保養。

➡ see P214

30歲以後就要加入基礎保養中

對策 ❷

真皮和表皮間的連結鬆弛

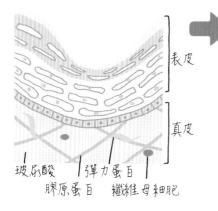

表皮

真皮

玻尿酸　彈力蛋白

膠原蛋白　纖維母細胞

➡ 法令紋、木偶紋、淚溝紋、頸部鬆弛、眼周黑眼圈

肌膚是由負責讓肌膚膨滿具彈力的真皮層、及真皮層上方負責保持潤澤度的表皮所構成。真皮和表皮之間的連結如果變差，皮膚就會因重力而往下垂，造成肌膚鬆弛。尤其皮膚較薄的眼周，更容易鬆弛，進而出現淚溝紋等眼睛下方的深刻皺紋、以及因鬆弛而造成的黑眼圈。為了讓這些症狀不再明顯惡化，必須使用含有視黃醇或膠原蛋白的化妝品，為肌膚進行彈力及潤澤的保養。

保養的重點

○ 使用含視黃醇 或膠原蛋白的化妝品

能促進膠原蛋白生成的視黃醇化妝品，是針對鬆弛保養的建議選項。含膠原蛋白的化妝品保濕力較高，能瞬間為肌膚帶來彈力，就不讓皺紋定型而言相當有效。肌膚鬆弛最大原因是年紀增長，因此用高抗氧化的維生素C或多酚類、及能促進血液循環的維生素E化妝品也相當不錯。

皺紋、彈力不足和肌膚鬆弛可以一起進行保養

「淚溝紋」和「木偶紋」是什麼？

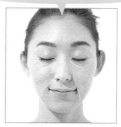

從眼睛下方往臉頰傾斜過去的皺紋就是淚溝紋。這種皺紋一旦變得又深又長，全臉看起來就會覺得肌肉鬆弛。木偶紋是從嘴巴旁邊往下的皺紋。只要臉部有這種皺紋，看起來就會一下子老很多。不管是哪一種，起因都是表情肌衰退造成的鬆弛，這些都是年齡增長的代表性皺紋。

對策 ❸

原因 ③

肌肉量減少

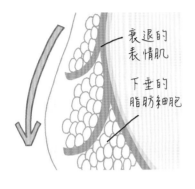

衰退的
表情肌

下垂的
脂肪細肥

法令紋、木偶紋、淚溝紋、頸部鬆弛、雙下巴

肌膚不僅由真皮支撐，還有肌肉，不過，當年齡增加導致肌肉量減少時，就會加速肌膚鬆弛。特別容易鬆弛的部位就是臉頰。圓形臉的人或臉頰面積較大的人，臉頰容易往下垂，造成法令紋明顯。此外，脂肪的質和量也是問題所在。脂肪柔軟的人、以及脂肪量較多的人容易產生雙下巴，要特別留意。要改善這些鬆弛症狀，就要訓練表情肌，並按摩促進血液循環，這個方式相當有效。

保養的重點

○ 訓練表情肌、做淋巴按摩

要恢復減少的肌肉量，最有效的就是做表情肌訓練。透過張大嘴巴、張開眼睛來訓練平常不太會運動的肌肉，以增強肌力為目標。此外，脂肪較多的臉緣容易浮腫，當老廢物質滯留時，也會助長肌肉鬆弛。保養時，可以增加讓淋巴流動更順暢的按摩，促進血液循環，讓臉部線條變得俐落。

因乾燥而造成的鬆弛要如何解決？

鬆弛的最大原因就是真皮層退化，不過乾燥=表皮潤澤度不足時，也可能導致肌膚鬆弛。潤澤豐滿的肌膚具有膨滿的彈力。如果保水力降低，肌膚就會萎縮並失去緊緻度。這種症狀在年輕人身上也會發生，只要做好保濕，就能輕鬆改善。

圓臉和脂肪多的人要特別留意！

為什麼會水腫?

容易水腫的地方，就是眼周和臉緣！

如果攝取過多的鹽分、水分或酒精，細胞和細胞間的水分就會從微血管滲出，造成皮膚浮腫。此外，血液從心臟出發，流經動脈並送達全身各處後，會再經過靜脈回到心臟。但年紀增加後，血液回流至心臟的幫浦功能會下降，血液循環就會變差，也容易造成水腫。最容易水腫的地方就是眼周。眼周的皮膚較薄，骨骼周圍有許多空隙，這些地方都容易讓水分滯留。

原因和對策

 1

原因 ### 水分跑到血管外

（鹽分·酒精攝取過多）

↓

對策
- 攝取鉀
- 用冷熱毛巾促進血液循環
- 泡澡

鹽分在血管內具有帶走水分的特質，如果飲食含大量鹽分或喝太多酒，水分就會滯留導致水腫。這時如果攝取鉀類，讓鹽分和尿意一起排出，就會很有幫助。西瓜和香蕉都富含鉀，可以在早餐食用。此外，如果是早上剛起床時的水腫，可以用冷熱毛巾互相交替敷臉，或是早上用浴缸泡澡，促進血液循環，這方式對抗水腫也很有效。

 2

原因 ### 心臟幫浦功能變差

（動脈·靜脈的力量變弱）

↓

對策
- 鍛鍊肌肉，讓身體擁有好循環

隨著年齡增加，從心臟輸出的血液回流的幫浦功能就會衰退。這樣一來，血液循環就會變差，手、腳及臉部等肢體末端就容易浮腫。女性的肌肉量比男性少，比較容易水腫。運動量不足的人可採取健走，努力增加肌肉。肌力提升後，全身的幫浦功能就會開始作用，只要循環變好，就能漸漸改善水腫。

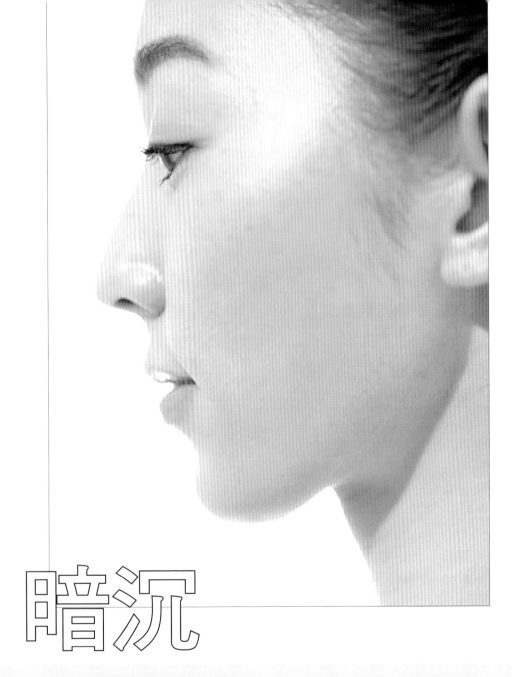

暗沉

找回肌膚透明感的4個對策

有透明感的肌膚看起來很乾淨。如果現在你覺得你的肌膚暗沉，有可能
是使用錯誤的保養方式……。暗沉的原因有4個。各種因素的處理方式
都不一樣。從正確保養開始著手，就能輕鬆找回透明感。

為什麼肌膚會「暗沉」？

暗沉的原因有4個

膚色看起來灰灰濁濁的，就是「暗沉」。造成暗沉的原因有4個。①老舊角質堆積在臉上，造成褐色或灰色暗沉。②紫外線或發炎導致黑色素量增加而引起暗沉。③睡眠不足或寒冷所造成的血液循環不良，導致肌膚看起來呈現蒼白暗沉。④因乾燥導致角質增厚，造成膚色暗沉。暗沉的原因有很多。根據成因不同，對應方式也不一樣，所以要先了解自己的暗沉屬於哪種類型。

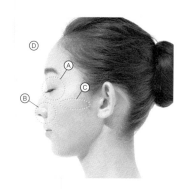

Ⓐ 眼睛周圍

Ⓑ 鼻翼周圍

Ⓒ 臉頰隆起處

Ⓓ 全臉

原因 ①

● 「角質堆積」

☐ 不知為何皮膚變硬

☐ 面皰・丘疹不容易痊癒

☐ 30歲以後才出現

原因 ②

● 「黑色素沉澱」

☐ 年輕時，大量暴露於紫外線

☐ 洗臉時很用力摩擦

☐ 40歲以後才出現

原因 ③

● 「血液循環不良」

☐ 工作忙碌，睡眠時間不足

☐ 洗澡都用沖澡方式

☐ 幾乎不運動

原因 ④

● 「乾燥」

☐ 洗臉後，肌膚緊繃

☐ 肌膚看起來很多細紋

☐ 肌膚容易粗糙

對策 ❶

角質堆積

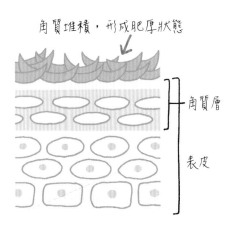

角質堆積，形成肥厚狀態

角質層

表皮

原本應該剝落的老廢角質如果堆積在皮膚上，角質就會增厚，讓肌膚的透明感降低。角質一旦變厚，肌膚看起來就好像灰灰髒髒的。角質堆積所引起的暗沉，背後的原因代表肌膚再生週期變慢。保養時，加入角質剝離或用磨砂膏去角質，將不需要的老廢角質排出。此外，30歲以後肌膚再生週期就會變慢，也比較容易引起角質層肥厚。使用含有視黃醇的化妝品，就能夠促進肌膚再生。

保養的重點

Peeling

○ 用角質剝離或磨砂膏除去多餘的角質！

○ 用視黃醇促進肌膚再生週期

透過角質剝離，去除老廢角質後，就能促進肌膚再生，幫助肌膚重整。如果平常保養，可用含AHA或酵素的洗臉產品，或含去角質成分的精華液，溫和地去除角質。30歲以後，可以使用甘醇酸或水楊酸讓角質溶解，也可以定期在醫美診所進行化學剝離角質術。去除老廢角質後的肌膚，對化妝品的滲透力會變好，因此更容易感受肌膚保養的效果。如果使用磨砂膏，要盡量選擇粒子比較細的，才能溫和保養。此外，能提高代謝的視黃醇化妝品也具有促進肌膚再生週期的效果，用來對抗暗沉也相當有效。

常識！

抽菸也會讓膚色暗沉

抽菸後微血管會收縮，氧氣和養分就無法送達肌膚，引發血液循環不良。血流停滯的肌膚看起來就會灰暗失去透明感。甚至於抽菸時體內能抑制活性氧的維生素C會被大量消耗。如此肌膚的新陳代謝及膠原蛋白生成能力就會降低，導致皺紋、鬆弛及斑點等各種肌膚問題。如果想擁有健康肌膚，最好戒菸。

對策 ❷

原因 ②

黑色素沉澱

黑色素無法排除的狀態

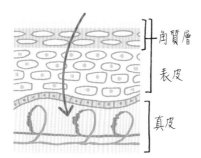

角質層

表皮

基底層

應該排出的黑色素沉澱，肌膚透明感便下降

年輕時大量暴露於紫外線下，或保養時總不知不覺太過用力，肌膚就容易暗沉，這類型就是黑色素沉澱所致。肌膚為了發揮保護功能，遠離紫外線和摩擦所帶來的傷害，就會產生大量的黑色素，這些黑色素如果無法排出，就會形成暗沉。要對抗這種暗沉，使用能促進黑色素排出、並抑制黑色素生成的美白保養相當有效。每天日常保養也要注意盡量不要摩擦肌膚，這樣就能漸漸恢復肌膚透明感。

保養的重點

◯ 採用美白保養！

➡ **see P176**

對策 ❸

原因 ③

血液循環不良

血液循環變差，血色變混濁

角質層

表皮

真皮

血液滯留循環不良，靜脈的顏色看起來呈現藍色

睡眠不足或寒冷、運動量不足等所導致的血液循環不良，會讓靜脈血流停滯，靜脈血量增加。由於靜脈看起來是藍色的，透過肌膚，皮膚看起來就會藍藍灰灰的。膚色白的人黑色素量原本就比較少，要特別留意藍眼圈。血液循環不良所造成的暗沉，可透過按摩或運動促進血液循環，加以改善。使用含有維生素E或碳酸的化妝品來讓血液循環變好，這也相當有效。

保養的重點

◯ 透過按摩讓皮膚充滿活力！

➡ **see P112**

對策 ④

原因 ④

乾燥

表面角質粗糙的狀態 ↓

角質層

表皮

肌理紊亂，
光滑感和透明感都降低

乾燥所引起的暗沉是因為肌膚保水力下降。失去潤澤的肌膚，表面會萎縮，肌理紊亂。如此照射到肌膚表面的光線就無法漂亮地反射出來，導致肌膚光澤感降低，膚色看起來灰灰的。這種類型的毛孔通常很明顯，保養的目標就是加強保濕，讓肌理變細，恢復明亮的肌膚。而容易乾燥的臉頰，建議使用具有時效性的面膜。

保養的重點

○ **透過保濕提高肌膚明亮度！**

➡ **see P88**

原因

第5個原因
就是「糖化」，只能透過預防！

糖化是體內的蛋白質和糖結合，產生AGEs（最終糖化蛋白）等老廢物質的現象。糖化會讓膠原蛋白纖維變硬，肌膚的緊緻度和彈力也會降低，導致鬆弛和法令紋更加明顯。此外，糖化生成物質是褐色，所以當糖化加劇時，肌膚看起來就會變黃暗沉。最終糖化蛋白只要一生成，就無法分解，它會堆積在體內，所以預防糖化比其他動作都還要重要！適度運動並盡量攝取不讓血糖上升的飲食，此外，使用預防糖化產生的化妝品，也可以試試看。

女性與貧血問題

有7成的女性有「隱性貧血」！

日本女性熱量攝取有逐漸減少的趨勢，在日本國民健康及營養調查中，也很明顯地營養不足。其中，鐵質每年都出現紅字。女性因月經的關係，每個月都會流失45ml的血液，大約會流失22.5mg的鐵質。此外，流汗及尿液、糞便也會流失0.5～1mg的鐵，如果不刻意攝取鐵質，不知不覺就很容易引發貧血。月經順暢的女性每天都要補充10.5mg的鐵，不過20～40歲之間的女性平均攝取量為6.6mg。此外，用來表示體內鐵質儲存量的鐵蛋白也明顯偏低。如果想要懷孕，鐵蛋白值最好維持在50ng/ml，但20～30歲的女性約7成都只有20ng/ml左右的鐵蛋白，狀況相當嚴重。

3個女性當中就有1人鐵質不足！

鐵蛋白值12ng/ml以下的比例

20~29歲	30.8%
30~39歲	28.1%
40~49歲	35.6%

要維持血液中的血紅素在一定的數值，都是從鐵蛋白（儲存鐵）加以補充。如果針對貧血檢查，一定會檢查鐵蛋白的數值。若低於12ng/ml，就需要開鐵劑處方補充。女性約有3成是這種狀況。

※來源：日本國民健康‧營養調查（平成24年，西元2012年）

貧血的確認清單

□ 容易疲勞

□ 指甲脆化、容易折斷

□ 肌膚暗沉

□ 頭痛

□ 天冷時還是喜歡吃冰

□ 不化妝臉色就很差

□ 心悸、呼吸急促

□ 眼睛下方有黑眼圈

□ 手腳冰冷

□ 食慾不佳

□ 精神容易低落

□ 大多沒吃早餐

貧血有4種類型

缺鐵性貧血

有月經的女性容易患有這種類型的貧血

由於體內鐵質不足，導致身體無法充分產生血紅素，造成貧血。好發於年輕女性，主要原因是飲食攝取不足以及月經出血導致。月經出血量因人而異，就算刻意補充鐵質，還是有可能不足。

惡性貧血
（維生素缺乏性貧血）

蛋白質不足所導致的貧血。吃素者要留意。

血紅素的來源不只是鐵質，還包含蛋白質、葉酸、維生素B_{12}等都是相當重要的成分。這些成分如果攝取不足，就會產生又大又容易受破壞的紅血球，造成葉酸缺乏性貧血。蔬菜和水果等植物性食品中幾乎都不含維生素B_{12}，要十分注意。

缺鋅性貧血

製造紅血球的鋅含量不足所引起

有很多調查報告指出，缺鐵性貧血的人有可能併發缺鋅性貧血。這是因為，除了牡蠣之外，含大量鋅的食材相當少，而且會阻礙鋅吸收的藥劑和添加物又相當多，所以很容易引起體內鋅含量不足。

運動型貧血（溶血性貧血）

運動過度會導致貧血!?

助長缺鐵性貧血的原因之一，令人意外的竟然是運動。流汗或肌肉劇烈收縮，跑步或跳躍等動作，都會讓腳底拍打到地面，破壞內部的紅血球，進而引起貧血。不只是運動員，喜歡馬拉松或跳舞的人也要注意。

如果不留意攝取鐵質或鋅，很快就有可能缺乏

要攝取的是「鐵」和「鋅」！

血紅素鐵
〔肉・魚類〕

- ☐ 肝臟
- ☐ 菲力牛肉
- ☐ 鰹魚

非血紅素鐵
〔植物性食品〕

- ☐ 羊栖菜
- ☐ 蘿蔔乾
- ☐ 菠菜

鋅
〔魚蝦類〕

- ☐ 牡蠣
- ☐ 鰻魚
- ☐ 扇貝

> 搭配維生素C，更能提高吸收率！

> 搭配維生素C，更能提高吸收率！

積極攝取動物性蛋白質，就能預防貧血

女性容易因月經而流失鐵質，一下子就變成貧血。月經量多的人不用說，身高高的人也要注意。身高高的人比一般人需要更多的熱量，若飲食供給量不足，容易引起貧血。想預防貧血，每天的飲食生活相當重要！一定要積極攝取富含鐵、鋅和維生素B12的動物性蛋白質。肉類是富含鐵和維生素B12的食材。擔心體內鋅含量不足的人，建議多吃含均衡營養的魚蝦類。維生素C能提高鐵質和鋅的吸收率，一定要一起攝取。馬上改變每天的飲食習慣，就能夠預防貧血。

注意!!

妨礙鐵質和鋅的吸收！

「減肥飲料」

茶和咖啡等含的單寧會讓鐵質吸收率降低，不建議吃飯時喝。此外，膳食纖維也會吸收鐵分，妨害腸道吸收作用，所以要留意過量攝取纖維性飲料。

「垃圾食物等」

垃圾食物或泡麵等加工食品都含有多聚磷酸鈉等食品添加物。這種添加物會和鋅結合一起排出體內，如果每天都吃這些，鋅含量就會漸漸不足。

SKIN CARE

從頭 開始美白

- 安全又有意義的美白護膚是什麼？
- 斑點保養得當，真的會消失嗎？

現在開始要
了解的美白
真相！

紫外線造成的斑點
是如何形成的？

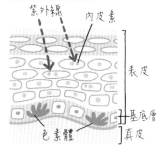

肌膚感受到紫外線後，為了保護細胞DNA，會產生防衛反應，從表皮分泌內皮素等情報傳遞物質。

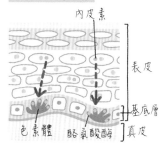

內皮素等情報傳導物質會向基底層的色素體發出「產生黑色素」指令。如此，色素體就會生成酪氨酸。

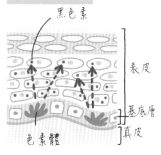

在酪氨酸等酵素作用下轉變成黑色素後，色素體的前端就會被吸引到表皮細胞。一旦肌膚再生週期亂掉，黑色素就會沉澱，變成斑點。

黑色素過度分泌和肌膚在生週期減緩是主要原因！

常聽到斑點的形成原因是黑色素。不過，黑色素是肌膚細胞為了保護DNA不受紫外線傷害而分泌的物質。黑色素能吸收紫外線，阻隔傷害。所以「黑色素＝壞東西」這個印象是錯誤的。一般黑色素形成後，都會在睡覺時重新建構，但當某種錯誤因素造成黑色素無法被重整，又無法透過肌膚再生被排出時，就會集中在1個地方，形成斑點。除紫外線之外，女性賀爾蒙與發炎、摩擦、壓力等也有關。

常識！

斑點保養該從何時開始？

肌膚再生週期如果遲緩，黑色素排出的速度也會變慢……所以，過了20歲就要依自己的膚質開始保養，才是正確之道。美白化妝品就是以預防斑點產生為目的。和UV防護一樣，不是產生後才開始，而是要在產生前保養，為了保有未來的美肌，越早開始越好！

常識！

黑色素遍佈全臉，就會造成「暗沉」

當黑色素不固定沉澱累積在同一個地方，而是遍布於肌膚全體時，就不是斑點，而是暗沉。肌膚再生週期如果被打亂，老廢角質就會殘留，導致血液循環不良，也是暗沉的成因之一，不過幾乎有8成都是紫外線造成的黑色素沉澱。所以只要使用美白化妝品，肌膚就會變好。

美白化妝品的作用

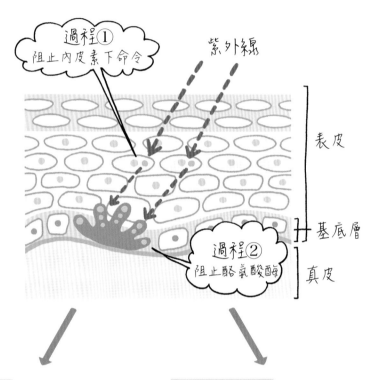

過程①
阻止內皮素下命令

紫外線

表皮

基底層

過程②
阻止酪氨酸酶

真皮

在過程 1 中隔離！

抑制下令生產
黑色素的物質

當肌膚接觸到紫外線，為了保護細胞DNA，就會產生防禦反應，從表皮內下達指令，命令肌膚「產生黑色素！」。下達這項指令的就是內皮素或促黑激素（MSH）、幹細胞成長因子等情報傳導物質。這些物質分泌後，會到達表皮下方基底層的黑色素生成工廠＝色素體，並開始產生形成黑色素的氨基酸，即酪氨酸。針對情報傳導物質產生作用，隔離產生黑色素指令，不讓黑色素生成。

在過程 2 中隔離！

抑制已轉變成
黑色素的【酪氨酸酶】

當「產生黑色素！」的指令傳遞到色素體時，最先產出的就是酪氨酸。酪氨酸原本並非黑色，它是在色素體中的酪氨酸酶的作用下，逐漸產生多巴或多巴醌等化學變化，最後變成黑色的黑色素。當酪氨酸酶不足時，就不會形成黑色的黑色素，美白成分就是在這一點著墨開發。通常是利用分解酪氨酸酶、或是先與酪氨酸酶結合等方式，有效地抑制其作用。

美白化妝品的目的？

☐ 預防「未來會形成的斑點」

☐ 改善「現有斑點」

藥事法以預防為主！但實際上也能改善現狀

　　日本藥事法定義，美白化妝品的功能就是「預防日曬造成的斑點、雀斑」以及「預防黑色素沉澱帶來的斑點及雀斑」。也就是說，它的功效並非針對現有斑點，而是以預防未來斑點形成為目的。但實際上很多人都是為了改善已經形成的斑點而使用美白產品，也有不少人用了以後，現有斑點就變淡了。尤其現在的研究和技術都相當進步，美白產品的功效變好也是事實。而美白化妝品中也有標示「準藥」或「藥用」的產品，這表示它在預防斑點或雀斑的效果，含有經日本厚生勞動省認證的規定有效成分量。美白效果也被正式認可。

被認為具美白有效成分的【白樺木萃取精華】為何會引發白斑症？

　　白樺木萃取精華透過3個機制發揮美白效果。首先，它會先與酪氨酸酶結合，抑制酪氨酸酶的作用。第二，它具有分解酪氨酸酶的效果。第三，則是白樺木萃取精華的最大特色，具有抑制黑色素生成的效果。黑色素又可分為黑色和膚色兩種，白樺木萃取精華會作用在黑色色素形成時的相關酵素（TRP）上。這三種作用已超越日本厚生勞動省認可的準藥效果，被認為是過度有效的原因。黑色素雖然是造成斑點的原因，不過也是打造膚色的重要物質。透過白樺木萃取精華的強力作用下，色素體會失去製造膚色的色素能力，或許是因為這樣導致膚色消失，形成白斑。

負責隔離的主要美白成分有：(準藥)

洋甘菊ET

菊科草本植物，從洋甘菊（甘菊、春黃菊）的葉子萃取。能夠抑制從肌膚表皮傳達給色素體的情報傳導物質，即抑制內皮素作用。

傳明酸

以抗肌膚粗糙成分，取得日本認證為準藥。又被核可能隔離情報傳遞物質的前列腺素，並具有抑制黑色素生成的效果。

t-AMCHA（傳明酸）

從大豆或蛋黃中萃取，能夠抑制情報傳遞物質前列腺素生成，並終止黑色素生成的指令。同時被核可具有預防肌膚乾燥的效果。

m-傳明酸

m代表具有能夠抑制黑素素生成的效果。針對斑點部位的慢性微發炎狀態，活化色素體，並抑制讓黑色素過度生成的因子。

TXC（高效傳明酸）

TXC是傳明酸十六烷基酯的簡稱。它能隔離內皮素及前列腺素等數種情報傳導物質。也能讓黑色素的生成變正常。

常識！

診所處方的其他美白成分

常用於治療斑點的用藥為對苯二酚。它能與酪氨酸結合，並阻止酪氨酸酶作用，此外，還能夠還原已經氧化變深的黑色素，所以能讓已經形成的斑點變淡。此外，診所還會使用能夠促進肌膚再生的維生素A誘導體，也就是維他命A酸（A酸），不管哪一種，效果都很好。雖然它被期待能改善嚴重的斑點，不過使用上要留意，一定要諮詢醫生的建議。

過程3 隔離的美白成分

色素體形成的黑色素會被送達基底細胞，隨著棘細胞→顆粒細胞→角質細胞等變化，漸漸浮出肌膚表面，最後和老廢角質一起被排出。不過，當肌膚再生週期紊亂時，黑色素就會囤積並產生斑點。用來促進肌膚再生、並排出黑色素的，就是AMP雷射除斑。此外，有些成分雖然不是美白成分的準藥，但也能夠隔離黑色素不讓它往基底細胞方向移動。

阻止酪氨酸酶形成

負責隔離的主要美白成分有：(準藥)

抑制【酪氨酸酶】

維生素C誘導體

這是相當具有歷史性的美白成分，安全也高。除了具有抑制酪氨酸酶的效果外，能針對現有黑色素產生還原作用，且能淡化黑色。

熊果素

和維生素C相同，歷史相當悠久。性質和越橘類植物中所含的對苯二酚類似，安全也沒問題。能阻礙酪氨酸和酪氨酸酶結合，預防黑色素形成。

麴酸

由麴萃取的成分。能帶走酪氨酸酶活化所需的銅離子，並抑制黑色素生成。在美白產品中同樣具有一定歷史，效果佳，有時會用於醫院處方。

鞣花酸

草莓或覆盆莓等所含的多酚種類。和麴酸一樣，透過帶走酪氨酸酶所需的銅離子來抑制黑色素形成。

冷杉萃取精華

由西伯利亞冷杉中所含的成分開發萃取。它能夠快速與酪氨酸酶結合，且不容易被分開，所以能擊退酪氨酸，抑制黑色素形成。

胎盤素

由豬或馬等動物的胎盤萃取。除了抑制酪氨酸酶之外，還有美白效果，不過尚未被發現的疑點也很多。價格相對較低，平價美白商品經常使用。

4MSK

水楊酸誘導體。除了抑制酪氨酸酶活性外，能針對斑點形成部位的角化現象作用，排出滯留的黑色素。

【酪氨酸酶】自體分解

白木蓮萃取

以白木蓮科玉蘭樹的多酚類為主所開發。它能妨礙酪氨酸酶成熟，減少黑色素生成的相關量。

亞麻油酸S

紅花油由來。透過分解酪氨酸酶，抑制黑色素生成。此外還能支援肌膚再生，幫助黑色素排出。

美白化妝品的 選擇方式、發揮功效的方法

重點 1

從精華液開始

如果想要買一項產品，建議先從精華液開始。因為一般美白相關商品中，含最多有效成分的就是精華液。有些人會因為價格比較方便入手，就從化妝水開始購買，如果考慮費用相對的效果，選擇精華液是比較聰明的作法。如果同時在意皺紋和鬆弛，可能會不知道與青春保養精華液的使用順序，但只要先用比較清爽的，再用屬於乳狀的，就沒問題了！

重點 2

確認準藥成分再做選擇

美白化妝品所含的準藥是經過日本厚生勞動省認證，具有效果且安全的成分。就連藥品有些也需要經過5年甚至10年的時間，才能確認其副作用，雖然準藥標準並非相當完善，但也不易出問題。建議使用已有數十年歷史的維生素C及熊果素。若想快速有效，可選擇作用不同的組合式產品。

重點 3

全年持續使用

有些產品一使用，肌膚顏色就會馬上變明亮，但那是一時的效果。持續使用才是最基本的方式。每天使用精華液，當一瓶用完時，就算肉眼看起來沒甚麼效果，只要沒有發生問題，就算合格。紫外線全年都會照射，黑色素的生產工廠，也就是色素體，同樣也是全年無休。如果想要沒有斑點的白皙肌膚，365天都需要做美白保養。

重點 4

配合角質保養進行

斑點是因為太多黑色素產生，囤積在肌膚所造成。如果是這樣，最好確實塗抹防曬產品，藉著美白保養品，讓新產生的黑色素不沉澱，並採取角質護理，讓肌膚再生週期維持正常。已形成的黑色素要幫它們順利排出。可利用按摩讓血液循環暢通，促進代謝也是預防黑色素沉積的有效方式。

美肌的萬能成分：「維生素C」。不僅用於美白哦～

大範圍用於提高肌膚緊緻度、緩和對肌膚的破壞、及調整皮脂平衡！

維生素C的功效範圍很廣。它具有抑制酪氨酸酶與還原黑色素作用的美白效果。它還能促進膠原蛋白合成，因此對提高肌膚彈力也相當有效。它能讓皮脂分泌正常，其強烈的抗氧化力也能去除活性氧。這些都是塗抹在肌膚上可獲得的效果，其他經口服攝取的體內效果也相當受期待。點滴注射或內服藥中，攝取高濃度的維生素C藥理作用也很大，它具有抗病毒、抗細菌、抗癌、抗過敏、改善免疫、排毒等值得期待的效果。維生素C不只針對肌膚，對身體而言也是維持健康的必須養分。

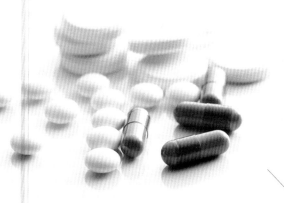

選擇維生素C補給品的重點？

維生素C為水溶性，代謝速度快，因此不容易停留在體內。勤加攝取才是正確之道。如果這個方式比較困難，可以選擇持久型、或定期釋放型等可以稍微溶解一些儲存在體內的類型。此外，維生素C很容易氧化，正確做法就是與具有還原作用的維生素E一起攝取。不過維生素E是脂溶性，它會停留在體內，所以要控制每天的攝取量。

靠食品補充攝取的話⋯⋯

水果
草莓、奇異果、柳橙等

蔬菜
甜椒、花椰菜、青椒等

大家都知道有酸味的水果裡含有維生素C，不過事實上蔬菜含量也相當豐富。甜椒、青椒等富含大量維生素C，而且還有其他養分可以鎖住它，所以就算加熱也沒問題。幾乎所有維生素C都不耐熱，建議生吃、或稍微煮一下就好。

美白保養品對各種斑點都有效嗎？

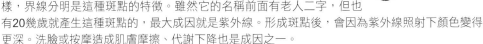

請先鑑定斑點的種類

就算都稱為斑點，總類也各式各樣。一般都將因紫外線形成的老人色素斑稱為「斑點」，不過有些看起來就算狀況很像，實際確認後卻發現屬於肝斑、或發炎所致。斑點類型不同，有些就算使用美白保養品也沒有用。如果用錯誤的保養，有些斑點甚至會惡化！因此首先要確認自己臉上的斑點是哪種類型，然後再確認美白保養品是否有效。不過，有時同一個地方有可能產生數個斑點，如果難以區分，最好接受專門治療斑點的皮膚科診所診察。用最合適的保養才是改善斑點的捷徑。

老人色素斑

先不管它的顏色深淺，這種斑點的特徵就是界線分明，是所有斑點的代表

屬於代表性斑點，一般我們所認識的斑點就是這種。小一點的又稱為陽光性斑點，大的有的達2cm以上。顏色從淡咖啡色到深咖啡色等各式各樣，界線分明是這種斑點的特徵。雖然它的名稱前面有老人二字，但也有20幾歲就產生這種斑點的，最大成因就是紫外線。形成斑點後，會因為紫外線照射下顏色變得更深。洗臉或按摩造成肌膚摩擦、代謝下降也是成因之一。

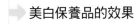 **美白保養品的效果**　能減少未來斑點產生，並改善現有斑點。此外，確實做好UV防護，也能預防斑點惡化。建議也可以透過吃補給品或治療用藥，攝取維生素C及維生素E，雷射治療也相當有效。

肝斑

因女性荷爾蒙或摩擦所引起的發炎症狀，屬於左右對稱大範圍的斑點

一般這種斑點都是左右對稱，由於斑點產生會避開眼睛，從臉頰骨到太陽穴形成ㄷ字型。有些也會出現在額頭及嘴巴周邊，左右大小和位置略有不同。顏色呈現淺咖啡色，比老人色素斑糊一點，界線也較不分明。過去有種說法，據說生了第二個孩子後就容易長出這種斑點，常見於30～40幾歲的女性身上。除紫外線外，這種斑點也和女性賀爾蒙相關，停經一陣子之後就能自然治癒。此外，因摩擦而引起的輕微發炎也是這種斑點的惡化主因。

 **美白保養品的效果**　用美白保養品保養的同時，要注意千萬不能摩擦肌膚，也嚴禁使用按摩工具。有些案例只要不摩擦肌膚，就會痊癒。如果要控制輕微發炎，內服傳明酸也很有效。

脂漏性角化症

已經膨脹凸起的斑點，使用美白保養無效！

原本就產生斑點的部位如果有過多角質堆積，就會呈現咖啡色凸起的斑點。長年累月下因受紫外線破壞，造成細胞DNA出錯而形成。年紀增長會更容易產生這種斑點，不過也有30幾歲就形成的人。這種斑點容易出現在臉或手等容易曬到紫外線的地方。

美白保養品的效果	屬於進化型斑點，就算用美白保養品也無效。一般都在皮膚科診所用二氧化碳雷射手術、或液態氮加以去除。只要做好UV隔離，就不容易長這種斑點，因此首要之務就是紫外線對策。

雀斑

遺傳性因素強，屬於黑色素生成過多

通稱雀斑。屬於小小咖啡色點狀斑點，以鼻子為中心，在左右臉頰廣泛生長。如果父母有雀斑，子女也容易有，遺傳性因素較大，不過就算父母沒有雀斑，也不一定就不會長。大多數有雀斑的人膚色都比較白，很多人3歲左右就開始有，青春期就會變得更明顯。

美白保養品的效果	黑色素生成過剩和老人色素斑相同，理論上用美白保養品應該有效，不過實際上很多案例都不會變淡。即使如此，UV防護和美白保養仍然相當重要。而透過雷射治療，再發的情況也很多。

發炎性色素沉澱

痘疤或抓癢破皮所留下的痕跡

面皰或蚊蟲咬傷、皮疹、受傷、燒傷等引起皮膚發炎後，因黑色素沉澱所引起的斑點。尤其是面皰擠破或抓破時更容易引發。由於形成原因是發炎，與年紀無關，且全身都可能會有，內衣摩擦到的地方也可能會出現黯沉或黑斑，都屬於這種類型。

美白保養品的效果	美白保養品針對這種斑點有效，只要開始發現就馬上進行保養，即可見到明顯改善。雷射治療可能讓這種斑點更深，當面積較大時，有時顏色也會不均勻，比較難改善。建議使用含對苯二酚的藥物塗抹治療。

花瓣狀色素斑

下日曬造成的結果，形成於背部的斑點

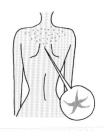

劇烈日曬後，肌膚停止泛紅並在背部產生的斑點，較不容易出現在臉部，容易出現在背部。有些像是老人色素斑點，有些則像脂漏性角化症，變厚厚的，形狀有的像花瓣，各式各樣的斑點混合。常見於白種人等膚色較白的人身上。

美白保養品的效果	多少能見到一些改善，但事實上並無法預期很大效果，以雷射治療比較實際和有效。由於劇烈日曬是這種斑點的形成原因，當到海邊或日曬較強烈的地方，要確實擦防曬產品，並勤於補擦。

肌膚是否容易產生斑點？
其類型與差異在哪裡？

➡ 當肌膚曝曬於紫外線下

肌膚變紅，不容易變黑的 類型

由於不容易形成黑色素，所以對抗紫外線的能力較弱，細胞容易受到傷害！

日曬後肌膚馬上變紅，卻不容易變黑，這種類型較像白色人種。北方的日本人多屬於此類，天生肌膚的黑色素就不容易生成，所以對劇烈日曬沒有防禦能力，最明顯的特色就是肌膚深處容易受到UVA波影響產生皺紋。

保養的重點

因黑色素生成能力低，細胞容易受到傷害，所以要比平常做好更嚴密的UV防護。

肌膚變紅，然後變黑的 類型

主要的類型。容易引起日曬發炎及斑點

日本人最多就屬此類。不會變紅但會變黑的人，黑色素生成能力較高，容易形成斑點。當肌膚變紅時，就會引起發炎，有時也會促進黑色素生成。不過，現在UV防護意識高的人變多了，所以不致於引起重大症狀。

保養的重點

日曬後出現泛紅，就是發炎的代表，所以要讓肌膚降溫並加強保濕。當肌膚溫度冷卻下來後，再轉換成美白保養品保養。

肌膚不會變紅，但是會變黑的 類型

肌膚防禦紫外線、保護細胞的功能較強！不過會造成斑點和暗沉等肌膚困擾

這種類型最容易產生斑點和暗沉。由於肌膚生成黑色素的能力強，保護細胞預防紫外線的能力也較好。特徵就是肌膚呈現小麥色，住南方的人多屬這種類型。肌膚就算曝曬於紫外線下也不容易變紅，這樣很容易就忽略UV防護，要特別留意。

保養的重點

如果經常暴露於紫外線下，且屬於黑色素生成能力較強的這種類型，最好日常都使用美白保養品。UV防護也是必須的。

有關美白保養品的Q&A

Q 持續使用美白保養品就會「變白」？

A 使用美白保養品能抑制新的黑色素形成，促進肌膚再生週期，讓黑色素更容易排出。如此肌膚裡面的黑色素量就會減少，斑點也會變淡，肌膚色差和暗沉都能得到改善，膚色也會變得明亮。但這樣的改變也只會變得跟原生膚色接近，膚色再怎麼變亮，也不會變得比原本膚色白。可以把兩手腕內側的膚色當作是肌膚最白的參考值。

Q 只要不是「準藥」，就沒有效果？

A 有些產品不是準藥，但也標示為美白保養品，這類產品並非完全對斑點無效。但實際上就算產品含有維生素C等有效成分，有些也未獲得準藥承認，有些也含有抑制黑色素生成及預防斑點的相關成分。

Q 美白保養品真的夠「安全」嗎？

A 原本每來保養品的目的就是預防斑點和雀斑，不屬於危險性產品。不過，當黑色素形成的機制被發現後，在新成分開發的過程中，已做到不只能預防，而是進化到能夠改善。準藥的安全性有經過確認，並被核可，但其副作用不知會在幾年後才會出現。基於這點，可以選用一些已經持續被使用10年以上的保養品，如維生素C、熊果素、洋甘菊ET等，可信賴度也較高。

Q 若在診所除斑，就不需要美白保養品？

A 就算能靠雷射治療除斑，也不代表表皮深處的色素體被破壞並消失。而且，雷射治療後的斑點部位，肌膚防護功能會處於被移除狀態，對刺激會產生過敏。如果不做好UV防護，黑色素就容易形成，也可能在同一個地方再度產生斑點。最好將診所做為最後考量，首先針對平常美白保養和紫外線防護對策才重要。

HORMONE CARE

賀爾蒙讓
肌膚狀況變好

賀爾蒙帶給肌膚的影響
讓肌膚不受生理因素影響

只用跟肌膚
狀況有深切
關係的！

如何與女性賀爾蒙
和平共處？

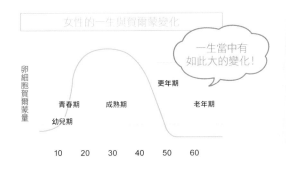

女性的一生與賀爾蒙變化

一生當中有如此大的變化！

卵細胞賀爾蒙量

幼兒期　青春期　成熟期　更年期　老年期

10　20　30　40　50　60

少年更年期的女性正在增加？

從45歲開始到停經的10年間，稱為更年期，這段時間有時會出現發熱、發冷、盜汗或有倦怠感等症狀。如果這些症狀出現在20～30歲，就稱為少年更年期。壓力是導致這種症狀早發的原因，造成賀爾蒙和自律神經失調，這種狀況隨著女性參與、融入社會而逐漸增加。如果放任不管，會導致不孕或其他疾病。如果感到身體異常，要盡早至婦產科就醫。

雌激素和黃體素對心理和身體、以及肌膚帶來各種影響

　　「賀爾蒙」有很多種。其中對女性最貼身、且影響最大的就是女性賀爾蒙。實際上，女性也會分泌男性賀爾蒙（睪固酮），不過其分泌量遠比女性賀爾蒙來得少，所以幾乎不受影響。女性賀爾蒙有雌激素（Estrogen）和黃體素（progesterone）兩種，隨著這兩者的分泌量改變，掌控了女性的生理期以及排卵規律（P190表格）。這兩種賀爾蒙也和身體狀況、以及脂肪和水分的代謝有關。黃體素會隨著懷孕生產而暫時增加，讓肝斑和色素沉澱變得更深。相對雌激素則大受年紀影響而改變。迎接青春期時，會從7歲開始增加，20～30歲左右是分泌最旺盛的時期。正是懷孕和生產的適齡期。之後，隨著年紀增加，卵巢功能下降，從40歲以後就開始減少分泌，過了45歲後就開始急速減少。以此為界線，女性就到了更年期，賀爾蒙平衡和自律神經會紊亂導致失調。過了這個時期，卵巢功能就完全終止。身體狀況也會再度步入穩定。因此，女性的一生說是都被賀爾蒙所影響，也不為過。

女性的骨骼受到賀爾蒙影響

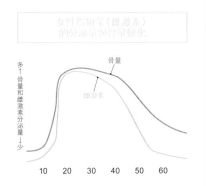

女性賀爾蒙（雌激素）的分泌量和骨量變化

骨量

雌激素

多↑骨量和雌激素分泌量↓少

10　20　30　40　50　60

女性的骨量在18歲會達到巔峰。因為雌激素（Estrogen）有負責骨骼形成的功能，而在18歲左右，雌激素的分泌量也正好達到巔峰。過了45歲就開始走向停經，雌激素也會急速減少，相對骨量也會減少。因此，女性比男性罹患骨質疏鬆症的機率大。平常就要留意鈣質攝取並多運動預防。

影響肌膚狀況的
兩種女性賀爾蒙

雌激素 和 黃體素

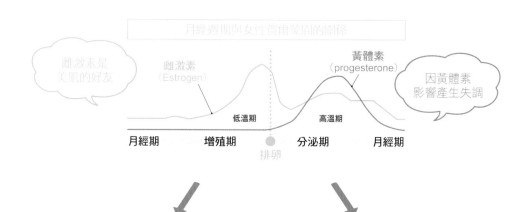

月經週期與女性賀爾蒙間的關係

雌激素是
美肌的好友

雌激素
（Estrogen）

黃體素
（progesterone）

因黃體素
影響產生失調

低溫期　　　　　高溫期

月經期　增殖期　　　　分泌期　　月經期

排卵

〔排卵前1週〕

雌激素具有提高肌膚含水量、促進膠原蛋白生成及提高肌膚緊緻度的美肌效果，它能讓皮下脂肪蓄積備孕，讓身體更女性化。這種賀爾蒙的分泌量會在生理期後逐漸增加，排卵前達到高峰。因此，排卵前1週內，肌膚狀況會因雌激素而變得更好，心情也會變得比較好、比較積極。

保養的重點

可以用積極性保養來維持好肌膚

這時期最適合用去角質或醫學美容等侵略性的保養，或按摩及特別護理等。這個時期不太容易引起肌膚問題，可嘗試新的保養品，也建議做燙髮或除毛等。由於新陳代謝和脂肪燃燒率都提升，也很適合減肥。

〔生理期前1週〕

排卵後雌激素會減少分泌，身體改受黃體素（progesterone）影響較大。皮脂分泌會變得旺盛，容易長面皰。肌膚會變粗糙。這時候肌膚也很容易形成斑點，或因水分滯留造成水腫，所有不舒服的感覺都會同時上演。身體還會出現PMS（經前症候群），容易頭痛或想睡，心情也會陷入焦慮和憂鬱。

保養的重點

處於忍耐期。採簡單的保養穩定肌膚

肌膚狀況進入惡劣期。由於皮脂分泌變多，要確實洗臉，為了極力不讓肌膚出問題，最好採取以保濕為主的簡單保養。這時也比較容易形成斑點，要比平常更確實做好UV防護。而身體水分容易滯留，不適合減肥。

必須更了解賀爾蒙

Q 如何增加賀爾蒙的飲食

A 女性賀爾蒙的來源是膽固醇。因此必須好好攝取優良的肉類和雞蛋。此外，常聽到的大豆異黃酮富含的類似女性賀爾蒙的成分。雖然作用上會因人而異，不過它是能在體內代替雌激素作用，是補充女性賀爾蒙相當優良的食品，而具有豐胸效果的葛根（泰國等地自生的豆科植物）也被認為和大豆異黃酮有同樣效果。此外，蛋白質是與睡眠相關的賀爾蒙的來源，大豆內含的卵磷脂據說可以讓人有愉快的睡眠，這些都是需要積極攝取的養分。

Q 最近女性的男性賀爾蒙增加了，是真的嗎？

A 當有壓力時，身體為了自我保護，會變得有攻擊性，這時候分泌的就是男性賀爾蒙。因工作每天過著忙碌的生活，被家事或育兒等追趕無法擁有自己的時間，因這些理由而有壓力的女性，男性賀爾蒙的分泌量也會增加。除了皮脂分泌增加，變得容易長面皰外，下顎周圍也會出現較多的鬍鬚。不規律的生活和營養不均衡也與此相關。當感到自己變得「男性化」時，就要重新檢視自己的日常生活，並注意放鬆心情。

Q 要如何戰勝生理期前的不穩定時期？

A 最簡單的方式就是先分割出肌膚狀況不佳、容易焦慮的時期。就算長痘痘，只要輕鬆地想「之後就會好了」、「現在沒有辦法」。不過，如果太過焦慮或感到不安，PMS症狀強烈時，去找婦科醫師也是一個辦法。有些人透過吃藥控制賀爾蒙平衡後，也會變得比較輕鬆。

Q 「多巴氨」、「腦內啡」、「腎上腺素」……這些是什麼賀爾蒙？

A 「多巴氨」是興奮時會分泌的腦內賀爾蒙，藉由強烈的刺激讓身體運動，吃到好吃的食物、或為了生存而做必要的行動等。「腦內啡」又稱為腦中麻藥，是快樂的賀爾蒙。當感到開心或幸福、歡喜時，就會分泌腦內啡，具有減輕壓力、提高免疫力的效果。談戀愛變漂亮，就是托這種賀爾蒙之福。「腎上腺素」會產生於全身，讓交感神經處於優勢，讓人感到心跳加速、興奮、以及具有活動力。

利用良好的睡眠品質
讓肌膚狀況變佳

關鍵是 血清素 和 退黑激素

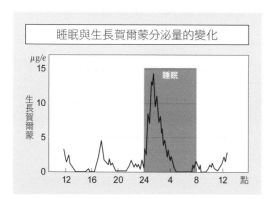

睡眠與生長賀爾蒙分泌量的變化

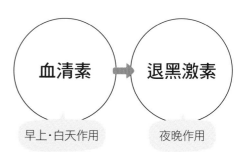

血清素 ➞ 退黑激素

早上・白天作用　　　夜晚作用

分泌「生長賀爾蒙」相當重要!

製造新細胞不可或缺的就是生長賀爾蒙。它能促進細胞成長,修復受損細胞和組織,讓細胞組織再生。同時具有恢復疲勞、燃燒脂肪、提高免疫力等效果,是打造健康肌膚和身體的關鍵。而生長賀爾蒙分泌最旺盛的時間,就在睡著後2小時的非快速動眼期睡眠。即非快速動眼期就是腦部處於確實休息、深層睡眠的狀態。而深層睡眠就是退黑激素分泌的條件。退黑激素本身會調整生理時鐘,具有抗氧化和強化免疫的作用,要產生退黑激素,就必須要有血清素。血清素在日光下運動會較活潑,晚上就能促進退黑激素分泌。這些賀爾蒙都是在固定的時間分泌,和生長賀爾蒙一樣,都受到體內生理時鐘支配。因此,即使白天睡2小時以上,生長賀爾蒙也不會分泌。因此每天保持規律正常的生活,並擁有優良的睡眠品質才是最重要的

常識!

睡幾個小時才是最好的?

據說是6小時半。根據是來自於長壽者的平均睡眠。另外一項根據腦部接近醒著的狀態,也就是睡眠快速動眼期時比較容易醒來。入睡後到快速動眼期約為1個小時半,接著就是非快速動眼期→快速動眼期反覆出現。觀察這些時間週期後,發現睡6～7個小時起床是最好的。

常識!

雖說晚上10點到2點睡覺最好……

在「灰姑娘時間」熟睡的話,據說有美肌效果,不過這有點超越現實。這恐怕是晚上8點左右就睡覺的年代所留下來的說法,若依現在的睡眠時間可能要往後延2小時比較恰當大約是10～12點。話雖如此,最重要是每天都在同一時間睡覺。這個方法才能更促進生長賀爾蒙分泌。

如何擁有更好的睡眠品質

規律的生活、加上積極攝取睡眠賀爾蒙來源的蛋白質，還有放鬆睡覺，這些都是最重要的。以下就確認幾項促進身體放鬆的重點！

微暗的照明
熱牛奶或草本茶
伸展等緩和運動
好好泡澡

使用智慧型手機或電腦
電燈等光源太亮
含咖啡因飲料
會出汗的激烈運動

必須從白天交感神經處於優位的狀態，轉換成促進放鬆的副交感神經優位狀態，因此在浴缸裡面浸泡，讓全身都暖暖的是正確作法。可做一些伸展運動，具有緩和全身的效果。甚至喝一些草本茶等溫熱飲料。尤其是熱牛奶，它含有血清素及退黑激素的生成原料色氨酸。當體溫下降時，就能進入平穩的睡眠，因此先將體溫提高是一時二鳥之計。在明亮的地方，交感神經會處於優位，因此將照明調暗是提高睡眠品質的訣竅。可以使用薰香、閱讀一本喜歡的書，打造對自己而言能放鬆的時間。

睡前2小時內要避免太過興奮的活動。當交感神經處於優位，身體就無法放鬆，就算睡覺也無法有好的品質。例如，寫部落格、或用智慧型手機、電腦等收發郵件，躺在床上一邊看電視等。這些畫面不僅過亮，也會發出一些讓退黑激素減少的藍光，所以應該要避免。此外，雖然喝溫熱的飲料有好處，但要避免咖啡和綠茶。含有興奮作用的咖啡因，反而會讓人睡不著。而會出汗的激烈運動也要避免。運動過後疲勞有可能會呼呼大睡，但如果過度，腎上腺素就會分泌，讓交感神經處於優位。導致離放鬆越來越遠。

HAIR CARE

保養頭髮的
正確方式

- 怎麼做才能擁有健康的頭髮？
- 如何對抗女性頭髮稀疏？

頭髮也要照顧。
正確的保養就能
擁有健康的頭髮

了解頭皮和頭髮的結構

頭皮的性質

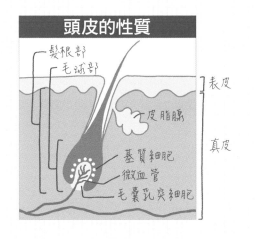

頭髮的性質

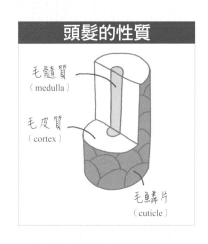

比臉部表皮厚，皮脂腺也較多

頭皮的構造和肌膚相同，由表皮、真皮和皮下組織3層構成。它也會有新細胞再生以及肌膚再生週期和老廢角質脫落，也就是頭皮屑。相對於臉部再生週期為28天，頭皮的再生週期較長，為40天。頭皮也會因為年紀增加，真皮萎縮後失去彈力，產生鬆弛。讓血液循環保持良好，就能夠維護真皮的彈力，調整能孕育強健頭髮的土壤。頭皮皮脂腺的數量為額頭的2倍，特色就是比臉部還要容易引起皮脂問題。

最外層的毛鱗片能夠阻隔刺激

頭髮的構造有3層，位於髮中心是毛髓質（medulla）。毛髓質的外側是毛皮質（cortex），讓頭髮黑亮的黑色素就在這個地方。最外側，也就是頭髮表面，排列著魚鱗狀的細胞，就是毛鱗片（cuticle）。染髮或燙髮就是將毛鱗片打開，在毛皮質上注入染劑或捲髮劑，然後再將毛鱗片閉鎖，因此容易讓頭髮受損。此外，頭髮的成分角蛋白只要接受到55℃以上的溫度，就會變性，因此熱會讓頭髮受傷。

何謂健康的頭皮和頭髮？

☐ **頭皮有透明感**

☐ **頭髮有光澤**

☐ **髮尾仍有潤澤度**

為了要孕育健康的頭髮，頭皮狀況良好就是絕對條件。自我檢視頭皮比較困難，如果去美髮沙龍時，建議可以請美髮師幫忙確認。頭皮的最佳狀態就是沒有泛紅，顏色呈現藍白色具有透明感。與頭髮相關的毛鱗片整齊，就是健康的條件。頭髮有光澤、髮尾不乾澀而柔潤，就代表毛鱗片整齊，頭皮健康。

頭皮受傷的原因及症狀

- ☐ 過度清潔
- ☐ 壓力
- ☐ 紫外線
- ☐ 睡眠不足
- ☐ 飲食生活紊亂
- ☐ 造型劑殘留   ～等

▌乾燥

和肌膚一樣清潔過度，以及紫外線是主因

頭皮比臉部的皮脂腺多，原則上比較難引發乾燥，但有時也會因為「過度清潔」而導致乾燥。一天洗2次以上、或用洗淨力過強的洗髮精都是形成乾燥的原因。尤其是30歲以後的女性，皮脂分泌量會減少，若和20歲時使用相同的洗髮精，有可能會造成過度清潔皮脂。原則上頭皮構造和肌膚相同，容易受到紫外線影響，此外壓力和睡眠不足等內在因素也有關聯。

▌發紅・發癢

乾燥或皮脂過剩所引起的困擾

就算自己沒留意，頭皮發紅的案例卻不少。當乾燥加劇，防護功能降低時特別容易引發，稍微刺激也會引起敏感反應，這些都是造成發炎的原因。防護功能會因為壓力或睡眠不足而降低，因此當身心疲勞時，特別容易有這種症狀，如果紅腫變嚴重，也會開始發癢。因為皮脂量過剩導致發炎或紅腫、發癢，也有可能是脂漏性皮膚炎。

▌頭皮屑

頭皮再生週期混亂是原因！

頭皮也會有肌膚再生週期，每天都會有老廢角質剝落，通常都是用洗髮精洗頭就能自然去除，不會形成明顯的頭皮屑。不過如果頭皮過度乾燥，形成粉狀，就會產生頭皮屑。皮脂分泌過剩也是原因之一，當皮脂過剩時會造成頭皮的再生週期過度提早，角質就會不斷剝落。這樣一來就算每天洗頭，頭皮屑還是會很明顯。

常識！

有時會產生一種黴菌！

當頭皮的防護功能下降，對外防禦的能力就減低，有可能會產生糠秕馬拉色菌，引起發炎。這時候就要用專用藥品，並使用有殺菌或抗癌作用的護髮產品才具效果。如果擔心的話，可以到皮膚科診所看診。

頭髮受傷的原因及症狀

- ☐ 吹風機的熱氣　　　☐ 造型劑殘留
- ☐ 紫外線　　　　　　☐ 燙髮
- ☐ 染髮

〜等

頭髮斷裂・分岔

除了熱、紫外線之外，外部保養也意外的是個盲點

吹風機熱度所引起的損害、染髮或燙髮等化學作用帶來的毛鱗片損傷等都是原因。除此之外，紫外線也會帶來傷害。造型劑殘留也是錯誤的，所以要留意不含矽靈或有機系列等洗淨力較弱的洗髮精。另外，

容易忽略的就是不須沖洗的保養。很容易被認為是護髮劑，不過，最好還是將這類產品當作造型劑，在睡覺前還是要用洗髮精洗淨比較好。

保養的重點

○ 正確的梳髮方式

洗頭髮前，要記得先梳頭。促進頭皮血液循環的同時，也能帶走在毛髮上的髒汙，讓洗髮精能充分起泡，減少頭髮摩擦。最好選擇有彈性緩衝的梳子，從髮根到髮尾以各種角度梳2〜3分鐘。

○ 攝取礦物質和維生素

如果在意泛紅或頭皮屑等因皮脂過剩帶來的頭皮困擾，就要攝取維生素B群。它能幫助調整脂質代謝。此外，維生素原B5（泛醇）或生物素等維生素類幾乎都是對頭髮有益的養分。頭髮生成來源就是優良的蛋白質，以此為基礎，並攝取具有生髮效果的鋅和碘等礦物質。

○ 選擇正確的護髮素

很多產品都標示適合哪一種頭髮使用，但實際上，選擇髮類產品要像配合膚質選擇化妝品一樣，最好依照頭皮狀態來選擇。例如，頭皮乾燥時，正確做法就是避開洗淨力強的洗髮精。如果有泛紅等發炎狀況，可選擇對頭髮和頭皮較溫和、配合氨基酸系列洗淨成分的洗髮精。

保養的重點

○ 正確洗頭

1

**先梳頭
為洗頭前做準備**

選擇前端有圓形顆粒、
具彈性的梳子一面輕壓
頭皮，一面梳頭。

2

**讓頭髮
全部沾濕預備**

不只頭髮，連頭皮也要
沾濕。為了不讓頭皮過
度乾燥，用溫水比較好。

3

> 用起泡網就能夠
> 輕鬆起泡！

**先將洗髮精搓揉起泡，
預防傷害**

洗髮精要先搓揉起泡。
嚴禁直接接觸到頭髮後
才搓揉起泡。

4

> 用指腹
> 溫柔按摩

**泡泡主要
沾在頭皮上**

讓泡泡放在頭皮上。不
要用指甲抓，最好用指
腹。

5

**讓頭皮
移動清洗！**

用手掌放在頭皮上，一
邊輕壓按摩清洗，促進
血液循環。

確實沖乾淨！

要保持頭皮和頭髮健
康，跟洗臉一樣，重點
就是不要讓洗髮精殘
留。洗髮精或護髮產品
如果殘留於頭皮或頭
髮，毛孔就會阻塞形成
問題的原因，頭髮就會
黏黏的。頭髮比臉部還
容易殘留，臉緣和耳際
以及脖子領口周圍都要
仔細沖洗。

頭髮和頭皮保養的**Q&A**

Q 護髮產品（沖洗式·不須沖洗式）的選擇方式？

A 洗澡時使用的護髮素或沖洗式的護髮產品能夠讓頭髮變軟，減少因摩擦帶來的傷害，建議女性使用。但如果阻塞在頭皮就會產生問題，因此最好不要擦在頭皮讓頭髮變順，關鍵是擦好以後一段時間要沖掉。此外，如果是不須沖洗的護髮產品，它就類似造型劑。若想修復受損頭髮，最好還是選擇沖洗式的比較好。

Q 「梳子」和「扁梳」要如何區分使用？

A 梳子除了帶走附著於頭髮的垃圾和灰塵外，還能夠給予頭皮刺激，促進血液循環。相對扁梳是針對打扮時，希望能梳出光澤效果而使用。晚上洗頭前或早上造型前，先用梳子進行頭皮保養，直髮的人如果要做造型，建議可以再使用扁梳。

Q 含矽靈·不含矽靈，哪一種比較好？

A 洗髮精或護髮產品含矽靈，是為了讓手指能更順利通過頭髮。由於矽靈具有減少摩擦的效果，能預防頭髮受損。不過，它的附著力很強，所以若沾到頭皮又沒有確實洗淨，會阻塞毛孔造成丘疹或發炎。由於只要確實清洗就能夠洗淨，所以就算含矽靈的產品也不會有問題。過去不含矽靈的產品大多會讓頭髮乾澀，現在的產品則會添加油脂，因此漸漸也有較多產品能夠柔順地洗淨。

Q 無法停止燙髮和染髮。要如何保養比較好？

A 燙染都是將原本閉合的毛鱗片強行打開再閉合的工程，如果毛鱗片空隙間的潤澤和養分、因燙髮或染劑等流失，就會形成傷害。平常可以試著用髮膜等保養來取代針對受損頭髮的保養劑。染髮後，可使用具有護色效果的產品也相當有效。

關於掉髮·髮量稀少· 圓形禿等症狀

遺傳

影響雖少，但有時 也會因遺傳導致

比起男性，女性較不容易受遺傳影響，幾乎都是壓力或是生活習慣不正常等環境因素造成。話雖如此，但無法保證完全不受遺傳影響。

香菸

血液循環不良 和活性氧雙重打擊

香菸會讓血液循環不良，不僅會影響肌膚，連頭皮的養分也會無法送達，造成頭皮難以孕育健康的頭髮。此外，香菸也會產生活性氧，加速身體老化讓髮量稀少更加嚴重。

壓力

不僅是肌膚， 對頭髮而言也是大敵

壓力會造成活性氧，促使頭皮老化的同時，也會打亂賀爾蒙分泌，讓男性賀爾蒙成為優位。如此就會和男性一樣，頭髮變得容易掉落，髮量也會急速減少。

賀爾蒙不平衡

掉髮和頭髮過細 讓髮量減少

頭髮和賀爾蒙的關係相當密切。當男性賀爾蒙增加，頭頂部的前側就會明顯掉髮，若女性賀爾蒙減少，頭髮的彈力和強健度就會消失，變成一根一根細細的、不強健的頭髮。

頭髮生長 停止的原因

飲食生活紊亂

過度減肥導致 形成頭髮的原料不足

頭髮由角蛋白組成，角蛋白的來源就是蛋白質。很多人因偏食導致蛋白質來源不足。也有很多人缺乏將蛋白質轉化成角蛋白所必需的鋅。

錯誤的頭髮保養

造成乾燥或 毛孔阻塞的原因

如果持續使用不適合頭皮膚質的保養品，頭皮就會越來越乾燥，造成發炎。此外，如果造型劑沒有確實洗淨，毛孔也會阻塞，妨害頭髮生長。

睡眠不足

因生長賀爾蒙不足， 導致無法發育新的毛髮！

如果不好好補充睡眠，生長賀爾蒙的分泌量就會減少，造成新毛髮難以生長，白天受損的修復能力也會降低。不僅無法生成健康頭髮，髮質也會變差。

現代女性常見的毛髮稀疏困擾，可以靠正確的保養來預防和改善！

以前頭皮或生髮保養給人的印象都是針對男性。但現在也有很多女性雜誌以特輯刊載相關議題，女性的頭皮&生髮保養已成為大熱潮。原因是有越來越容易出現頭髮稀少，且為此苦惱的女性增多了。

實際觀察女性頭髮稀疏後，發現原因很多。有些是飲食生活不正常以及睡眠不足、壓力等現代社會特有原因引起，和皮膚一樣，都是皮脂分泌過多以及血液循環變差，妨害健康毛髮的生長。甚至賀爾蒙平衡失調也會對毛髮週期帶來很大影響。當男性賀爾蒙處於優位時，就會發生和男性禿一樣，從頭頂部以及前面的毛髮開始脫落，當女性雌激素減少時，頭髮就會失去光澤和強健，髮量也會變少。有些案例則是因為生長期變短，頭髮不太容易長出來，所以看起來就很稀疏。

頭髮稀疏或掉髮多見於40歲以上的女性，如果從20～30歲開始做正確保養，並且留意平常的生活習慣，那麼就能開始預防。此外，就算已經發現頭髮變少，還是能讓狀況減緩，並且能夠期待看到改善。

女性也會隨年紀變禿頭？

男性會因年紀增加，頭皮變得越來越光，甚至禿頭，女性原則上不會因年紀增長導致禿頭。但如果是壓力或自律神經失調所造成的圓形禿，或頭髮髮量整體變少的瀰漫性非典型掉髮等，這不是因為年紀增加造成，而是一種疾病。圓形禿就算不治療也可能痊癒，但瀰漫性掉髮則相當難醫。不管是哪一種，只要發現掉髮或髮量稀少，最好都到診所接受診療。

COSMETICS

化妝品的購買方式

- 怎麼選擇比較好？
- 如何得知哪種是安全的？
- 只要是有機化妝品就是安全的嗎？

根據選擇的品項，肌膚確實會得到改變

了解市售商品的種類

我們平常稱呼的所有「保養品」，根據日本藥事法，還能分成3種類。分別是以治療為目的的藥品、以美容為目的的保養品以及被稱為準藥品——能保證有一定效果的保養品。以對肌膚的效果而言，保養品<準藥品<藥品。建議配合目的，看是要維持健康的肌膚、還是要改善問題來做選擇。

保養品

目的在於維持健康肌膚

平常我們所使用的大部分都是保養品。依照日本藥事法定義，被放在「維持健康狀態」的位置，基本上作用較平穩緩和。包含讓自己看起來更好的彩妝品。保養的目的，就是清潔、預防乾燥、隔離紫外線。在藥事法裡並未提及超過這三者以上的效果，不過最近也增加許多宣稱有抗老化的功能性保養品。一般產品要稱作保養品，並無任何條件或基準，在水裡面稍微加點東西也能稱作是保養品。保養品的品質不一，必須慎重選擇。

準藥品

日本獨創的「準藥」保養品

以「預防、改善疾病」為目的的準藥品中，也有名稱加上藥用的產品。是日本獨創的產品，以位置定義來說，介於保養品和醫藥品的中間。準藥品的條件是經過日本厚生勞動省認定，在規定範圍內含有有效及具安全性的成分。目的在預防斑點・雀斑、預防面皰、改善肌膚粗糙、為皮膚殺菌等，這些效果都能正式登載。不過，這準藥品和保養品相同，基本上對人體作用都比較溫和，實際上這兩類產品的界線相當不明。

藥品

以治療問題為使命的藥物

屬於藥物，以「治療疾病」為使命。配合的成分效果經日本厚生勞動省認證，具有治療發炎等有力效果，嚴禁塗抹過多。必須確實遵守產品的用法和用量。藥品又分為2種，一種是經醫師診察後處方用藥，另外一種在藥局就能夠買到的成藥，成藥又稱為OTC藥品（非處方藥）。塗抹於肌膚的藥品有針對發癢或皮膚炎的外用藥，用於肌膚保養的代表性藥品就是礦脂。能預防乾燥，保護肌膚不受外界刺激。

診所處方

準確配合各種肌膚，相當有效！

診所處方藥又稱為醫療用藥品，不經醫師診察無法購得。這比市售成藥所配合的成分還多，特色就是效果較佳。有些會開立肌膚保養品的處方，有些也會根據醫生的想法獨自調配。使用高濃度的麴酸以及對苯二酚製成的美白劑就是其中一例。當肌膚問題無法用市售藥品治療時，建議前往診所接受診療。

商品標示的閱讀方式

保養品
（一般精華液）的標示

<全成分標示>水、丁二醇、戊二醇、甘油、雙-二乙氧基二甘醇環己烷1,4-二羧酸酯、聚山梨醇酯60、（二十烷二酸/十四烷二酸）聚甘油-10、聚丙烯酸鈉、甲基葡糖聚醚-10、二甲基矽酮、PEG-60氫化蓖麻油、（丙烯酸羥乙基/丙烯醯二甲基牛磺酸鈉）共聚物、環戊矽氧烷、PCA鈉、酵母溶解物萃取、交替單胞菌發酵液、十三烷醇聚醚-6、聚季銨鹽-61、玻尿酸鈉、光果甘草根萃取、甘草酸二鉀、辛癸醇甘油酯、PEG/PPG-18/18 聚二甲基矽氧烷、卵磷脂、碳酸氫鈉、黃原膠交聯聚合物、黃 樹皮萃取、熊果酸、羥乙基纖維素、肌肽、PCA鋅、大豆油、刺阿幹樹原始細胞油萃取、維生素E、去端肽膠原、紫草萃取、七葉樹種子萃取、軟骨素硫酸鈉、油酸鈉、表沒食子兒茶素沒食子酸酯、神經醯氨3、鞘氨醇、神經醯氨6II、膽固醇、大車前籽萃取、神經醯氨1、卡波樹脂、氫化卵磷脂、異麥芽、麥芽糖醇、丙氨酸、山梨醇、DPG、植物醇、人寡肽-1（EGF-1）、人寡肽-4（EGF-4）、乙醯基十肽-3、寡肽-20、四胜肽類成分、銅三肽-1、葡聚醣、黃原膠、檸檬酸鈉、檸檬酸、氫氧化鈉、乙醇、苯氧乙醇、香料

EGF：人寡肽-1（保濕）
3GF：乙醯基十肽-3、寡肽-20、四胜肽類成分（保濕）

AMPLEUR Luxury
De-Age Rejulution
α＋
極緻活膚嫩肌全效修
護精華 α＋ 32ml
日幣11000

解讀重點

○ 按照含量比例依多至少標示，從水開始，最後是添加成分

保養品的「全成分標示」通常都按照含量順序記載，只有1%以下的成分順序不同。不過，無法從標示上得知到底從哪一種成分開始為1%以下。最後有些會寫「其他」，這表示企業機密，只要是獲得認可的成分，不寫也沒有關係。所有標示的名稱都不是我們常見的名詞，通常都是用「國際化妝品原料名稱（INCI name）」來標示。左邊的精華液中，以抗老化為目的的主要成分之一EGF（實線內）記載的是「人寡肽-1（保濕）」。有畫底線的是具有美肌效果的代表性成分。從水開始，接著記載含美容成分的基礎原料或其他美容成分，最後是防腐劑、香料以及色素，這是一般標示的順序。

需要知道的成分標示①

不熟悉的名稱
也要確認

● 維生素C

會標示維生素C的產品很少，大多標示抗壞血酸。誘導體的代表例則是抗壞血酸磷酸鎂、四異棕櫚酸酯抗壞血酸（VCIP）。

● 苯甲酸酯類

種類有苯甲酸甲脂、對羥基苯甲酸丙酯、丁酯等。屬於防腐劑的一種，如果添加在其他原料本身，有時不會標示。

● 美白成分

如果含有維生素C誘導體（抗壞血酸磷酸鎂等）或熊果素等準藥所指定的有效成分，劑量在規定範圍以內，會標示在最前面。不過，即使是有效成分，如果含量比規定量少，或是製造商的用意並未取得準藥核可時，就會按照含量順序標示。

2001年起，日本保養品有義務要以「全成分標示」，因此包裝外面也能看到商品的資訊。雖然內容稍微專業，如果記下來的話，應該能當作參考。

準藥
（一般美白精華液）的標示

Ampleur Luxury
White Active
Formula
煥白亮膚精華
40ml
日幣8000（準藥）

<全成分標示>熊果素*、甘草酸二鉀*、水、BG、濃甘油、荷荷芭油、戊二醇、異壬酸異壬酯、二甲基矽酮、月桂醯谷氨酸鈉（月桂醯谷氨酸）、聚丙烯酸丙烯酸共聚物、氫化蓖麻油、甘氨酸、玻尿酸鈉-2、龍膽草萃取、馬萃取鞘脂類、葡糖基蘆丁、維生素C四異棕櫚酸酯酸、紫根萃取、辛基十二烷基酯、藻酸鈉、氫化大豆磷脂、精氨酸、酵母萃取-1、維生素C磷酸鎂、肌酸酐、卡姆果萃取、蘆薈萃取-2、葛根萃取、小球藻萃取、聚肽、三磷酸腺苷二鈉、D-甘露醇、吡多素 HCL、RNA-1、組氨酸 HCL、苯丙氨酸、酪氨酸、黃原膠、乙二氨四乙酸、苯氧乙醇、粘度調節劑、pH調節劑、香料

＊記號為「有效成分」，無記號者為「其他成分」

解讀重點

○ 最前面標示的是有效成分！
其餘的和保養品標示規則相同

準藥會將有效成分標示於最前面。這項產品的標示會從美白有效成分熊果素、抗發炎有效成分草甘酸開始。有些產品的其他成分會按照類別標示。有效成分標示的後面，就和一般保養品相同，1%以上成分會按照含量順序標示，1%以下的成分順序標示則不固定。此外，產品雖含維生素C誘導體的維生素C四異棕櫚酸酯酸，不過因為含量的關係，並非有效成分，因此與其他成分一起記載。其他還有與防護功能有關的神經醯氨誘導體（馬萃取鞘脂類）、龍膽草萃取等抗老化成分，除美白以外，還有保濕和抗老化成分（下底線的美容成分）。

需要知道的成分標示❷

● 神經醯氨

身為保濕成分神經醯氨，除了以神經醯氨1、神經醯氨3（NP）標示外，還有誘導體類型，如鞘脂類、腦苷脂類等都屬於此。

● 甘醇酸等

就算看去角質的成分標示，也不會寫AHA或果酸。不是事哪一種，都是用酸類總括表示，具體的名稱為甘醇酸、乳酸、蘋果酸、草酸等都是這一類。

● 膠原蛋白

主要使用的有分子較小的水解膠原蛋白（滲透型膠原）、以及分子較大的水溶性膠原蛋白和不容易引發過敏的去端肽膠原3種。

● 酒精類

保濕劑中的甘油、溶劑或用作收斂成分的乙醇、防腐劑作用的苯氧乙醇或抗氧化劑的BHT等都屬於酒精類。對敏感性肌膚的人有可能會造成刺激。

常識！

防腐劑（保存劑）是不好的東西？

防腐劑被認為「會給肌膚造成負擔」。的確，如果吃進肚子會對人體造成影響，敏感性肌膚的人如果塗抹也有可能發炎或起疹子，不過原則上只塗抹在肌膚是沒甚麼問題的。相對的，如果不含防腐劑，產品容易引起氧化等變質作用，這樣也可能會對肌膚造成刺激。

產品選擇的方法**Q&A**

Q 保養產品真的幾乎
都是水製成的嗎？

A 這是真的。較濃稠的乳液多用乾
油等保濕劑製成，也有像橙花水
一樣的植物成分產品，水是另外
使用，但如果檢視全成分標示，
幾乎所有產品一開始標示的都是
水。水是作為溶解有效成分的基
劑使用。不過水很容易腐敗，如
果只有這樣，保養品會變質，就
難保證其品質。這就是為什麼要
添加防腐劑。

Q 礦物保養品對肌膚
比較溫和？

A 礦物質就是礦物。不受歡迎的添
加物礦物油，也是由礦物而來，
礦物粉底所使用的二氧化矽就是
矽靈添加物的一種。雖然使用後
肌膚會比較滑順，但如果卸妝或
洗臉時沒有確實洗淨，就會阻塞
毛孔造成面皰或發炎。雖然是礦
物，對肌膚好或不好還無法一概
而論。

Q 雖然沒有看到
含矽靈成分……但

A 沒有標示矽靈的產品，通常都是
用國際化妝品原料名稱表示，如
二甲基矽酮、環二甲基矽氧烷、
二氧化矽。不只是護髮產品，許
多護膚產品也有添加。雖然矽靈
被視為不好的東西，不過它能夠
包覆頭髮，減少頭髮摩擦，讓手
指能夠順利梳過，添加在保養品
中也是為了讓肌膚能夠更滑順，
因此相當盛行。如果有好好沖
洗，添加矽靈是沒有問題的。最
近流行的不含矽靈商品，則會添
加油脂等成分取代矽靈。

Q 肌膚脆弱、敏感的人
要留意的刺激性成分？

A 應該要留意的成分是高分子的界
面活性劑、以及紫外線吸收劑。
界面活性劑是為了讓水和油能混
和乳化的添加物，廣泛使用於乳
液或乳霜、濃稠的化妝水、洗面
乳或卸妝產品等。椰油基甲基牛
磺酸鈉等氨基酸系列的添加物被
認為對肌膚較溫和，要留意的是
月桂基硫酸鈉、丙烯酸和陽離子
系等高分子合成物。此外，紫外
線吸收劑也會在臉上引起化學變
化，因此會產生刺激。肌膚較脆
弱的人最好選擇沒有添加吸收劑
的產品，或是有將吸收劑包覆起
來的低刺激性產品。

有機保養品
對肌膚較溫和且安全真的嗎？

有機保養品持續形成風潮，但事實上大家對它有很多誤解！要確實了解有機保養品的好與壞，再活用正確選擇的訣竅。

好處

- 效果好
- 成分天然具安全性
- 沒有添加化學成分（需確認成分標示）
- 對環境友善的產品多
- 香味天然

壞處

- 不易保存
- 有些產品刺激性強
- 質地有時不好使用
- 基準不明確，有些只有少量配合

Organic意思就是有機。一般指的是不依賴農藥或化學肥料栽種的農作物。有機生產的植物會增加其活性，因此從有機植物萃取的成分相當有效。有機產品給人的印象就是「天然又溫和」，實際上它的效果相當好，肌膚較脆弱的人使用後可能會產生刺激，甚至引起肌膚問題。另外有機認證Ecocert和Cosmebio。這些認證並非對肌膚的安全保障，只是有關植物栽種方式的認證而已。就算經過認證的有機原料，也可能經過化學處理。尤其日本並未特別規範，只要稍微添加一點有機成分，就可以打著有機產品的名號。如果過度在意成分，有些產品的延展性不佳，用起來黏黏的。有機保養品如果沒有實際確認是否適合自己的膚質，就很難判定。

「無添加」、「自然派」、「成分天然」和有機是不一樣的

上述三種特色聽起來好像都一樣，不過是完全不同的描述。首先，無添加的意思正如其名，指的是不含防腐劑、合成界面活性劑、礦物油、色素、香料等。由於產品不含防腐劑，開封後必須盡快使用。自然派指的是保養品內大多配合動物、植物或海泥等自然界中的天然原料。又稱為天然保養品，而有機保養品也屬於這個範圍。

CLINIC

美容診所
能做到的事

- 美容診所的差異？
- 什麼時候該去？
- 如何與美容診所互相配合？

如果想要變漂亮，
善用美容診所
也是一個方式

了解相關診所的差異

皮膚科

以保險診療範圍內的治療為基本，追求美麗則在目的以外

治療發癢或膿瘡、濕疹、面皰、肌膚粗糙、胎記、疣、癬等皮膚疾病的地方。其基本為保險診療範圍，以處方內服藥及外用藥為主，不需要額外付費即可治療肌膚問題。只是一個以患病為前提的診所，目的就是治療疾病，治療後讓肌膚變漂亮則在其負責範圍以外。其中有些診所也有自費診療等各種選項，不過僅限於用藥和治療方式。此外，這類診所無法針對提升膚質或變年輕診療。

美容皮膚科

從改善肌膚問題到美肌、重返青春等都能實現，有時費用很高

皮膚科的目的是針對疾病治療，相對美容皮膚科則能對應提升膚質、讓肌膚重返年輕，有許多美肌的選項。因應這些目的，美容皮膚科內有許多先進儀器能實施手術，不管是注射玻尿酸或肉毒桿菌都能實現。當然，也能治療面皰和肌膚粗糙，不過有些項目不在保險範圍內。缺點就是自費治療會產生高額的治療費。從數萬元～數十萬元的手術種類相當多，建議在手術前先至診所諮詢。

美容外科

目的在消除自卑感。透過困難及高價的手術重建臉部或身體

用途並非改善膚質，而是臉部樣貌和體型等「外觀」上的修復。具體而言，可以將鼻子墊高、將單眼皮或內雙眼皮變成外雙眼皮、開眼頭讓眼睛看起來更大、讓下巴線條變尖、抽脂手術、隆胸等。有些能用玻尿酸或肉毒桿菌注射解決，不過大部分都需要外科手術，術後到恢復為止都在診療的範圍內。缺點就是術後紅腫或消除水腫的時間，也就是冷靜期較長，而且自費診療的金額也高。

常識！

「美容診所」和「美容沙龍」的區別是？

是否能夠實施醫療行為就是兩者最大的差異。美容診所內能夠接受效果較好的手術，快速感受到效果就是它的最大魅力。此外，如果有任何狀況，都可以透過醫師做最適當的治療。美容沙龍則無法預期能和美容診所一樣有顯著效果，但是價格幾乎都比美容診所便宜。與其要期待美容沙龍的即效性，不如把它當做以放鬆為目的更貼切。

如何與美容診所相互配合

☐ 先在網路上比較眾多診所

☐ 不要用價格來做選擇

☐ 選擇能詳盡說明的診所和醫生

☐ 問清楚優點和缺點

☐ 如果被推薦自己不想要的選項，
　要勇敢拒絕

☐ 手術時先問清楚總費用

☐ 拒絕任意推薦的保養品或藥品

聽到美容診所，有可能會出現「雖然有興趣，但又有點排斥和不安」的想法。首先要確認的，就是確實傳達需求，例如透過有效的手術讓膚質和臉部線條、第一印象年齡得到改變等，以及診所是否適合自己的感覺、有哪些風險。事前先做好調查或諮詢，如果無法充分了解，就要有勇氣去其他診所聽第二種意見。絕對嚴禁妥協。此外，費用問題也相當多。最好先說出自己的預算，在可能的範圍下諮詢手術。

舉例「長痘痘」 優點和缺點

❶ 自行保養

在家裡就能簡單保養，但改善時間較慢，會擔心留疤

將一般保養品改用面皰專用。雖然時間和手續都不麻煩，但效果遲緩，改善時間較長。有時也會留下痕跡。

❷ 去皮膚科

不花錢就能盡快治癒，痘疤保養則另外處理

在保險診療的範圍內，所以價格便宜，且能快速治療。如要淡化痘疤則不在此限，可能會產生色素沉澱或凹陷。

❸ 去美容皮膚科

肌膚漂亮不留痕跡，但價格較高

不會留下痘疤，能夠漂亮地治癒。缺點就是需要自費診療，比其他選項的花費較高。

該採用哪種醫療美容？

以健康肌膚為目標

☐ 想早點治好面皰
☐ 想消除痘疤
☐ 想改善膚質
☐ 想除去斑點

醫學美容的目的之一，就是治療肌膚現有問題，讓肌膚恢復健康。一般皮膚科也能治療，不過醫美的魅力就是不只治療，而是連之後的肌膚狀態都能改善。此外，醫美並非像診所一樣，只針對肌膚疾病，還能針對暗沉和黑頭毛孔處置。加上光治療和雷射治療，導入以及美容點滴，並配合補給品處方等選項，針對美肌的提案相當多元。

想實現肌膚年輕化

☐ 想撫平皺紋
☐ 想改善鬆弛
☐ 想增髮

和一般皮膚科有很大的不同，醫美的目的就是「重返年輕」。醫美能夠針對年紀增加和紫外線等引起的肌膚老化，阻止皺紋、鬆弛和髮量稀疏繼續惡化。醫美甚至有可能讓人重返年輕。不過，這需要經過反覆手術，必須花費數個月～數年的時間，才能感到有恢復年輕的效果。由於必須定期重複手術，因此花費的金額相當高。必須用長期的角度來看待。

就算有斑點也能夠用雷射去除？

「斑點能用雷射去除」這已成為常識。許多人雖然對醫美有所抗拒，但如果是除斑的話倒想試試看。的確，斑點能夠用雷射治療，但之後的自我護理也相當重要。雷射去除的最多只是表面形成的黑色素。如果沒有確實持續保養，仍有可能在同一個地方形成斑點。因此雷射後每天也都要確實實施紫外線防護，並持續使用美白保養品。那麼就能和斑點說再見。

不能只依賴醫學美容。保養也很重要。

以健康肌膚為目標 方法示範

煩惱 | 想要早點治好面皰

方法

1 去角質
一般都使用乙二醇酸或水楊酸等BHA。塗抹液狀或乳液狀的酸類讓角質溶解後，再加以中和並拭除。**疼痛程度**……無。有時有些案例會有刺痛感。陣痛期（down time）……無。馬上可以化妝。**費用標準**……全臉6000日圓～1萬6000日圓。**治療期間**……1個月～。

2 LED照射
用藍色的二極管光源照射肌膚，將造成面皰的痤瘡桿菌等殺死。**疼痛程度**……無。大約會漸漸感覺到溫熱的程度。**陣痛期**……無。手術後可以馬上化妝。**費用標準**……全臉1000日圓～5000日圓。**治療期間**……因人而異。效果溫和，有些要花好幾個月。

3 導入維生素C
將成分離子化並以離子導入肌膚深處，有些會以電極式的電鑽孔技術將肌膚先暫時打開。依症狀不同，有時會導入膠原蛋白或玻尿酸。**疼痛程度**……無。**陣痛期**……無。**費用標準**……全臉5000日圓～1萬日圓。**治療期間**……1個月～。

4 其他

若採一般皮膚科診療，原則上都以內服和外用藥。美容皮膚科則會用AHA等酸類溶解角質，變光滑後就除酸。目標是清除毛孔阻塞與改善面皰。不過只做1次不會有明顯效果，必須重複數次。通常都會配合調整皮脂平衡和預防色素沉澱的維生素C導入。LED照射也是有效的，但改善速度比較慢。其他有些會

建議用外用藥、以及使用診所處方的保養品等。最常使用的就是維生素A酸療法。這項治療只要一開始，皮膚就會變紅脫皮，約2個月後就能改善。這不但促進肌膚再生週期，讓表皮增厚，肌膚變得不容易生病外，還能抑制發炎及預防色素沉澱。

煩惱 | 想消除痘疤痕跡

方法

1 雷射
飛梭雷射或微創飛梭雷射等。用雷射或細針先對真皮進行破壞再促進其再生，改善肌膚凹凸不平。**疼痛程度**……相當痛。**陣痛期**……2天～1週左右。**費用標準**……全臉2萬日圓～10萬日圓。**治療期間**……每月4次，一個週期療程為3個月。

2 微針滾輪
用有針的滾輪滾動，讓肌膚形成許多小洞，然後再塗抹促進細胞再生的GF等液劑從真皮促進肌膚再生。**疼痛程度**……相當痛。**陣痛期**……2天～1週左右。**費用標準**……全臉4萬～5萬日圓。**治療期間**……每月4次，一個週期療程為3個月。

3 碳酸去角質
將碳酸塗於肌膚上做雷射，進入毛孔的黑色碳酸會反應雷射。先對真皮進行破壞後再促進其再生。還能去除老廢角質讓肌膚變光滑。**疼痛程度**……痛。還會有灼熱感。**陣痛期**……2～3天。**費用標準**……全臉4萬～6萬日幣。**治療期間**……3個月～。

4 其他

痘疤又分不平整的凹凸問題、以及色素沉澱和泛紅的顏色問題2種，比較嚴重的是凹凸問題。這種情況就需要能到達真皮層的手術，將凹陷的地方整平。最具代表的就是飛梭雷射和微針滾輪。缺點是疼痛程度強烈，肌膚會發紅，術後無法立刻化妝等，但這種手術的改善效果大，大約4次就能重建肌膚，變得

平整。另外一種有效的方式就是碳酸去角質。雖然會有一種獨特的「熱痛感」，不過還在可以忍受的範圍。比起前2項，效果稍微差一點，改善要花較多時間。一般皮膚科也用這個方式去角質，不過沒什麼效率。有關色素沉澱和皮膚發紅，脈衝光比較有效。詳細請參考本書213頁。

疼痛程度……以接受治療者的意見為藍本，不過每個人對疼痛的感受不同，最終只是一個參考值。**陣痛期**……治療結果所引起的腫脹及疼痛持續時間。**費用標準**……標示的是平均價格，不過實際上還是依診所而異。並非高價就比較好，低價就比較差。**治療期間**……有些治療無法1次結束。本書標示的是能夠實際感受到效果的平均時間。

煩惱｜ 想改善膚質

方法 **① 脈衝光**

用各種波長的光打在肌膚上，到達肌膚的表皮及真皮層等問題處。**疼痛程度**……會感到些微疼痛。**陣痛期**……幾乎沒有。馬上就能化妝。**費用標準**……全臉8500～4萬日圓。**治療期間**……根據問題程度而異，肌膚暗沉的話只要1次就能有相當的改善。

② 其他

既在意暗沉，又在意發紅。皺紋和毛孔也很明顯等，肌膚問題屬於複合型的人，建議使用脈衝光。這是一種將光源照射在皮膚上的手術，光的波長不同，分別能運作於表皮及真皮。如果在意皮膚發紅、色素沉澱、膚色不均，緊緻度也下降的人，可以選擇同時具有光療和高周波治療的磁波脈衝光aurora。這些治療都會感到些微疼痛，剛接觸醫美的人比較能接受，因此深具魅力。肌膚乾燥或粗糙的人，建議可以用保濕成分或生長因子growth factor（GF）導入。

煩惱｜ 想除斑

方法 **雷射**

用於斑點治療的方式，主要有雅克雷射（YAG Laser）和紅寶石雷射（Ruby Laser）2種。比較有效的是紅寶石雷射。**疼痛程度**……痛。**陣痛期**……有。手術後2週內要塗抹抗發炎藥，而且必須以膠帶保護。**費用標準**……每1個地方3000～1萬日圓。**治療期間**……1次OK。

用在治療斑點的雷射主要是雅克雷射和紅寶石雷射，這2種波長不同。紅寶石雷射能集中深度照射，針對較深的斑點或在真皮層形成的AMD斑點相當有效。相對，雅克雷射的通用性較高，除治療斑點外，也能用於碳酸去角質。甚至透過調整輸出，還可用在改善膚色不均，讓肌膚的顏色比較均勻，即「柔膚雷射」。對相當難治療的肝斑也有一定效果。雅克雷射和紅寶石雷射只要在斑點上照射1次就可以，但是術後部分表皮會脫落，容易受到紫外線影響，再次產生斑點。因此需要貼上美容膠帶保護，並塗上處方藥，確實做好抗紫外線對策。其他還有紅色的二極體光源等LED治療、以及亞歷山大雷射等治療方式。

最新除毛狀況

了解診所的優點，並善於活用！

除毛建議前往診所進行

應該很多人想要永久除毛，而前往美容沙龍或診所。兩者很容易讓人覺得是一樣的，但其實美容沙龍和診所完全不同。診所會使用醫療用的雷射或光療儀器。先對毛根進行破壞，防止新的毛髮長出。美容沙龍雖然也會使用光療儀器，但輸出會比診所的弱，效果也比較差。此外，還有可能會引起燒傷等問題，甚至發生過買了數回美容券，卻難以預約的案例，因此需要留意。

實現重返年輕 方法示範

煩惱 | 想讓皺紋消失

方法 **1 肉毒桿菌**　藉由注射讓肌肉運動受限的肉毒桿菌，主要能夠預防表情紋。**疼痛程度**……會塗抹麻藥，因此注射時不會感到疼痛，但是當液體跑進體內時，有時會覺得疼痛。**陣痛期**……無。**費用標準**……眉間及眼尾等1個地方5000～6萬日圓。**治療期間**……1次OK

2 玻尿酸　在凹陷或體積不足的地方仔細施打，注入玻尿酸填平凹陷。**疼痛程度**……會塗抹麻藥，因此不會覺得疼痛。但是當液體跑進體內時，有時會覺得疼痛。**陣痛期**……無。**費用標準**……眼周1處4萬～9萬日圓。**治療期間**……1次OK

3 其他

改善皺紋的代表性做法有2種，第一種是肉毒桿菌。將肉毒桿菌注射進皺紋周圍的肌肉。這時策動表情肌的神經就會被隔離而無法移動，讓表情紋難以產生。對眉間及額頭、眼尾所產生的皺紋相當有效。此外，肉毒桿菌如果注射在臉緣，下顎的肌肉發達就會被抑制，可藉此改善寬臉及發揮小臉效果。如果注射在腋下，就能隔離與排汗相關的肌肉，藉此抑制發汗。另一方面，玻尿酸是注射在皺紋和法令紋等地方，以物理方式將皮膚的深溝填滿，讓皺紋變得較不明顯。如果用電波拉皮的方式少量打在全臉，就能夠實現讓萎縮的肌膚再度膨滿。此外，如果注射在鼻子或下巴，還能改變全臉輪廓。其它如維他命A酸療法，讓表皮增厚展現肌膚膨度，這也是改善小細紋的方法之一。

煩惱 | 想消除鬆弛

方法 **1 脈衝光**　透過用各種光線打在皮膚上，改善表皮和真皮所引起的問題。**疼痛程度**……稍微有點疼痛感。**陣痛期**……幾乎沒有。馬上可以化妝。**費用標準**……全臉8500～4萬日圓。**治療期間**……1次就有相當的效果。建議選擇1個月手術療程。

2 高週波　用能夠確實到達真皮層的高週波打在肌膚上，給予肌膚加熱讓肌膚緊縮，以改善鬆弛。最具代表性的就是RF電波拉皮儀和Therma Cool電波拉皮儀。**疼痛程度**……痛。Therma Cool比RF的疼痛感要強。**陣痛期**……無。**費用標準**……全臉4萬～45萬日圓。**治療期間**……1次就有相當的效果。

3 超音波　集中於脂肪層和肌肉，給予熱能並從肌膚深層開始拉提。最有名的就是Ulthera超音波拉皮，不動刀的拉皮方式備受矚目。**疼痛程度**……相當痛。**陣痛期**……無。**費用標準**……全臉30萬～40萬日圓。**治療期間**……1次就有相當效果。

4 其他

針對鬆弛，利用儀器照射相當有效。如果是初期階段，建議使用脈衝光。這項治療價格比較親民，疼痛感等負擔也較少，因此深具魅力。比較嚴重的鬆弛建議可選擇高週波治療。高週波的儀器有100種以上，每種效果都不太一樣。一般費用越高，效果越好，不過高週波治療中，最有效的是深達脂肪層的Therma Cool電波拉皮。雖然效果會因人而異，不過平均每次拉皮約可持續半年。另外一種也相當有效的方式就是「超音波」。超音波可達脂肪層和肌肉，能從皮膚的基底層往上拉提。據說這種拉皮會痛到發冷出汗，不過效果強、持續力久也是它的特色。每間診所不同，有些會有脈衝光+高週波、或高週波+超音波的組合選項，能獲得更好的效果。

疼痛程度……以接受治療者的意見為藍本，不過每個人對疼痛的感受不同，最終只是一個參考值。**陣痛期**……治療結果所引起的腫脹及疼痛持續時間。**費用標準**……標示的是平均價格，不過實際上還是依診所而異。並非高價就比較好，低價就比較差。**治療期間**……有些治療無法1次結束。本書標示的是能夠實際感受到效果的平均時間。

煩惱｜**想增髮**

方法 **❶ 增髮電波拉皮**

在頭皮仔細施打注射，直接在髮根注入生長因子（GF）或minoxidil生髮水等針對生髮或增髮的有效成分。**疼痛程度**……注射時有疼痛感。**陣痛期**……無。**費用標準**……3萬～8萬日圓。**治療期間**……因人而異。2週內需要數次往返診療。

❷ 其他

頭髮稀疏或掉髮容易讓人覺得是男性的困擾，不過最近也有很多女性開始有這項煩惱。因此美容診所也開始針對適合女性的生髮療程或掉髮治療。美容診所提供的增髮治療的好處，是針對個案配合治療。醫師會用顯微鏡仔細確認頭皮的狀態，再針對需求為頭髮做礦物檢查。受診療的人能夠獲得適合自己的內服藥或外用藥處方。此外還會使用電穿孔等導入儀器直接將生髮治療或增髮、養髮的相關有效成分導入至髮根，這是診所才做得到的。透過個人護理，頭髮稀疏的困擾就能夠更有效獲得改善。

有很多不知道的所以想問

有關醫學美容的**Q&A**

Q 效果可以持續多久

A 如果是動刀切開、削骨等真正的手術，能持續半永久的效果，除此以外的手術原則上效期都有限。雖然持久度因人而異，不過如果是注射式的，大約可維持4個月，玻尿酸則約可維持半年。使用儀器的手術，如果是光治療系列大約可維持1個月，高週波治療約為1個月～半年。其中被期待具有高效果的就是Therma Cool，有些案例約可維持1年。如果是超音波儀器，持續效果都是以年為單位。雖然費用較高，但只要透過定期手術，就能維持狀態。

Q 去同一間診所比較好嗎？

A 醫學美容手術後如果遭遇任何肌膚問題，很多人都會認為原本的診所「無法信任」而馬上轉到別家。不過事實上，醫學美容雖然有效，但一定也會有某種程度上的問題，這樣想才是正確的。明確地知道自己做了哪種手術，才能對問題做正確的應對，因此建議還是回到接受手術的診所診療。如果這樣還無法感受到診所針對問題的處理誠意，或者是無法接受診所處理後的狀態，再考慮去別的診所求助。

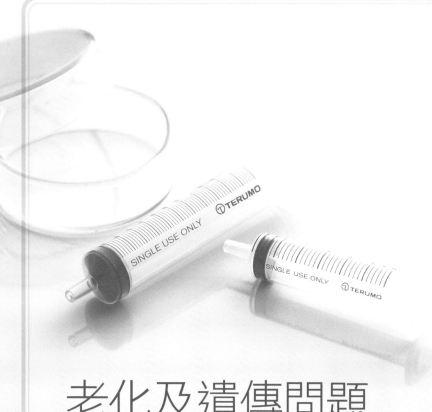

老化及遺傳問題

肌膚和遺傳基因的關係已經逐漸被解開。
遺傳會影響膚質和容易出現的老化現象！

　　自己可以活到幾歲＝壽命，相對的，據說遺傳佔了25～
30%，不過其他還有許多未知的因素。有關肌膚老化，例如幾
歲會開始老化、老化速度有多快等，這些問題到底遺傳佔多少
比例、以及有哪些關聯等，都還是未知數。

　　另一方面，和肌膚相關的遺傳基因研究也正在進行，透過檢
查和解析，已逐漸得知一個人容易引發的肌膚問題以及出現的
老化徵兆等。

　　與膚質相關的遺傳基因據說有數十個，關聯最大的是①膠原
蛋白代謝基因（MMP1基因）、②黑色素合成基因（ASIP基

因）、③絲聚合蛋白基因（Filaggrin基因）、④鞘磷脂基因、⑤SOD2遺傳基因（Spink 5基因）、⑥GPX1基因六種。

①正如其名，就是負責代謝生成膠原蛋白的基因，②代表黑色素合成的能力。③和④是與表皮防護功能和保濕功能相關的基因，⑤和⑥則影響身體去除活性氧的能力。了解這些基因強度等資訊後，就能解開「容易產生斑點的膚質」、「不容易產生皺紋的膚質」等個人肌膚的特徵之謎。有些品牌也是配合這些結果而對肌膚保養做出提案。

這些基因每一個都繼承自雙親的其中一方，其中一者所佔的比例較高，就能決定基因是繼承自父親或母親。如果只有①像父親，其他幾乎都像母親，那麼膚質就可以說是遺傳自母親。

不過，基因還有許多未被解開的謎，基因情報的解讀方式也是每年都在改變。因此，上述解釋最終都只是現在的論點。此外，雖然已重複提過很多次，還是要再次提醒，老化的原因有8成來自於紫外線。此外還有環境、飲食生活等生活方式、以及日常保養等後天因素也與此息息相關。雖說父母的膚質好，就可以放心，相對的如果不想讓肌膚和皺紋或鬆弛變嚴重有關，還是要好好致力於保養，保護並孕育健康的肌膚。

「基因檢查」是什麼？

基因檢查有很多種，從比較嚴肅的議題例如是否容易罹患癌症或生活習慣疾病、到與膚質或肥胖相關的簡易檢查等都有。前者檢查主要在專門抗老化門診進行。結果會由基因研究的發祥地，也就是美國進行解析，然後寄回詳細的報告，但費用相當高。後者的簡易檢查可以在美容診所或化妝品製造商進行。只要用專用試劑盒採取唾液或角質就能夠知道結果，費用比較親民，但正確率仍有疑慮。

肌膚保養與營養問題的Q&A
【肌膚保養篇】

Q 關於保養品的「保存期限」？

A 護膚保養品和化妝品一樣，未開封原則上可以保存3年。無添加物或不含防腐劑的產品可能無法放到3年，需要確認包裝上標示的使用期限。開封後，直接接觸肌膚或唇部的保養品或粉底、口紅等期限為半年，其他的彩妝品理想上也是以1年內用完為目標。如果超過這個時間，因溫度變化或氧化等影響而變質的可能性就會提高，有可能會產生味道或變色等「腐壞」狀態。就算在保存期限內，如果發現有味道或變色，就要馬上停止使用。

Q 第一次使用的保養品，要留意哪些？

A 什麼時候、以及從哪種肌膚狀態開始使用，時間點相當重要，因生理期前肌膚容易乾燥，睡眠不足導致肌膚粗糙等，當肌膚狀況不佳時開始使用新的保養品，有可能會造成問題。最好看準肌膚狀況好的時候再開始使用。此外，如果有很多品項要替換，原則上可以一次全部一起換，不過如果以前對保養品有過敏經驗、或肌膚比較敏感的人，最好還是一項一項慢慢換。好處是當肌膚出現問題時，比較容易抓到特定原因。

Q 保養品要全部都用同樣品牌？

A 從卸妝產品到乳液，所有產品全部一式買齊，這樣好嗎？有許多產品擁有共同成分，或瞄準相乘效果而設計，只要包裝上有標示「建議和○○○一起使用」，最好就一起用。不過，並非一定要使用同樣品牌的產品，精華液用美白的，乳液用對抗鬆弛的，根據品項不同，用不同製造商的產品，優點可以囊括所有肌膚問題。原則上不同產品線的保養品組合使用，是不會發生成分互相干擾而造成肌膚問題。

Q 去年開封的UV防護產品真的已經無效了嗎？

A UV防護產品和護膚產品相同，開封後約半年內用完才是正確的。產品會因為溫度變化或氧化產生容易分離的特性，不僅沒辦法好好發揮UV阻隔功能，對肌膚的刺激也會變大，甚至引發肌膚問題。如果還有剩餘，或許會覺得很浪費，但為了肌膚，最好還是依照季節重新購買。

Q 保養品越貴越好？

A 選擇保養品時，比起價格，最重要的是先判斷自己現在的肌膚需要什麼。再依照自己想要改變的肌膚狀況，去搭配必要的保養品，還要考量自己的膚質，才是最重要的項目。而價錢有超過日幣5萬、甚至超過日幣10萬元的高價保養品，這些產品當然含有許多貴重的美容成分，不過別忘了，價格也包含包裝費用和廣告費等因素。藥局所販售的「平價」保養品當中，也有很多很好的。其中也有不少質地和滲透率都很棒的產品，建議選擇的產品是含有平常會使用的成分。而價格並不等於效果。

Q 年輕就用高價保養品，肌膚會被慣壞？

A 肌膚不會因為高價保養品而被慣壞，但如果使用完全不符年紀的保養品，產品的油分和水分大多無法配合肌膚現況，有可能會引發問題，無法得到滿意效果。例如20幾歲如使用專為抗老化設計的產品，油分就會過多，造成皮膚長丘疹。而30歲以上的人如果使用適合20歲的產品，有可能因為油分不足而導致肌膚乾燥，變成無法得到想要的效果。產品最重要是要適合自己的肌膚，不需要追求價格或年齡對象。

Q 保養品的注意事項寫著「如果肌膚無法適應」，具體而言這是怎樣的狀況？

A 當肌膚泛紅、發熱、發癢、長皮疹或有刺痛感時，就是產品不適合肌膚的訊息。有些產品擦上去的瞬間會引起刺痛感，但實際上並無問題，但如果刺痛感一直持續，且開始泛紅，那就表示不適合。有些人會誤以為刺激就是產品「有效」的訊息，事實上這是錯誤的。應該要立刻停止使用。如果停止使用仍無法改善症狀，建議前往皮膚科或美容皮膚科診療。

> 正確的選擇方式和使用方式才能預防肌膚問題！

肌膚保養和營養問題的**Q&A**
【肌膚保養篇】

Q 「肌膚禁食」是好的，這是真的嗎？

A 「肌膚禁食」指在幾天內，洗臉後完全不擦任何東西。據說這樣可以帶出肌膚原本的能力，但這項說法並沒有根據。如果肌膚問題一直無法治癒，這有可能是保養過度，或化妝品等不合膚質，有時的確會暫停保養，不過除了這種狀況外，其他很難想像「禁食」會讓皮膚變好。如果是想知道自己的膚質而試看看，或許可以。這個方法可以檢查出自己的皮膚到底是容易乾燥、還是容易出油。

Q 溫熱的保養品能提高效果？

A 如果說明書上沒有特別記載，原則上就要在常溫下使用。溫熱的狀態有可能讓保養品內的有效成分氧化。如果想要溫溫的使用，在使用前用手稍微包覆一下，溫度大概和皮膚一樣就可以。此外，如果把保養品放在冰箱，放涼才用，使用的時候對肌膚也會有緊縮效果，不過當成分為高濃度時，冰太久可能會讓這些成分凝固沉澱。建議保養品還是放在不會直接照射到太陽、溫度變化不大的地方比較好。

Q 有上妝，不卸妝直接睡覺也**OK**？

A 有些底妝或BB霜會宣稱「擦上對皮膚比較好」，原則上這題的答案是NO！因為夜晚是肌膚修復白天損傷、以及讓新細胞再生的時間，在這段時間裡，皮膚會盡量希望是保持清潔的。空氣中的髒污和環境污染都會沾染在皮膚上，如果再留著氧化的底妝，臉上絕對不可能保持乾淨。而且睡覺時皮脂和汗水都會分泌，如果彩妝等髒污殘留在皮膚上，和汗水混合後有可能會形成面皰或其他肌膚問題，也可能干擾正常分泌，導致肌膚乾燥。睡覺前一定要卸妝和洗臉，在乾淨的狀態下讓皮膚可以重新整頓。

不迴避任何情報資訊，忠實回答

Q 還是應該要戒菸？

A 再怎麼努力保養，只要抽菸，就會對肌膚帶來傷害。本書P28也有詳細說明，香菸的煙會產生活性氧，會不斷消耗美肌所需的維生素C。此外，香菸會讓血管收縮，營養就不容易在全身循環，會妨礙受損的細胞修復、阻擋健康細胞發育。

Q 過度使用智慧型手機，肌膚真的會鬆弛嗎？

A 有種說法是，如果臉部一直朝下看智慧型手機，肌膚就會因重力而鬆弛……，不過這是騙人的。但如果姿勢持續朝下，脖子和肩膀就會僵硬，導致血液滯留，養分無法充分送達臉部的可能性高。事實上，藍光會讓眼睛疲勞，交感神經受刺激後就會導致睡眠品質下降。結果，肌膚的狀況就會變差，這就充分構成肌膚鬆弛的條件。所以要一面確實做好基礎保養，並留意智慧型手機是否使用過度。

Q 為什麼持續睡眠不足，肌膚的狀況就會變差？

A 人類身體的程式設計，就是讓自己在睡覺時能修復白天因紫外線等影響所受的傷害。此外，孕育新細胞所需的生長賀爾蒙，也需要規律的睡眠，才能好好分泌。如果睡眠不足，受傷的細胞就會來不及修復，而新細胞又難以產生，肌膚自然就會變差。正如本書P27所述，睡眠不足就是肌膚的大敵。

Q 為什麼花粉症期間肌膚會變癢？

A 花粉症就是對花粉產生過敏反應，進而發炎的狀態。也就是說，身體為了對花粉症展開大量免疫功能，對肌膚的免疫功能就會放鬆，因此肌膚防護功能就會下降。這樣一來，皮膚對於平常能阻隔的刺激就會產生敏感反應，造成發癢等問題。做好保濕保養，調整肌膚防護功能的同時，也可以攝取乳酸菌補胎品，提高體內免疫力的效果。

肌膚保養與營養問題的**Q&A**
【營養篇】

Q 不吃早餐不可以嗎？

A 一定要吃早餐。人類的生理時鐘會透過早晨的陽光或吃早餐重新設定。為了對腸道發出「早上了喔」的訊息，並促進排便，吃早餐是相當有效的方式。只吃麵包或米飯等碳水化合物，身體不會甦醒。一定要一起攝取雞蛋或納豆等蛋白質。早上不吃早餐，中午又攝取多卡飲食，如果省略早餐，1天當中的血糖值會很容易上升，因而養成易胖體質，也會導致讓肌膚老化的糖化現象。

Q 肚子餓的時候可以吃點心嗎？

A 點心原本就是「補充食品」，是用來補足一日3餐所不足的營養。並非攝取甜點等甜食。肚子餓時，可以積極攝取一些現代女性容易缺乏的蛋白質、鐵質、鋅以及膳食纖維等。方便食用的優格或堅果類、膳食纖維和礦物質豐富的可可，可以和豆漿或脫脂牛乳一起飲用。小魚乾等魚類和黑巧克力、棗乾等都相當建議。

Q 早餐、午餐和晚餐要如何平衡攝取？

A 如果希望身體和肌膚維持健康，就必須維持肌肉量。因此20～30歲的女性一天需要攝取的熱量為1800 kcal以上。不過，現代女性平均一日攝取的熱量大約為1600 kcal左右。如果攝取的卡路里維持3個月過低，肌肉量就會減少5歲，導致代謝變差，身體容易水腫……。首先，要記得早餐、午餐和晚餐都要好好吃飯。如果要減肥或美容，早上可以攝取約400 kcal，午餐要補充一天的能量，因此可以攝取700 kcal左右，晚餐則以600 kcal為標準。其餘的200 kcal可以用點心來補充。

※《消除肌少症肥胖的減肥法》（朝日新聞出版社）久野譜也

Q 想知道攝取蛋白質的好方法！

A 一天當中所需的蛋白質量，每1kg體重大約為1.14g。不過，就算攝取100 g的肉類和魚類，其中包含的蛋白質量也不過20～30%。每天所需的蛋白質量實際上很多。因此每一餐都要好好攝取蛋白質。包含肉類、魚類、雞蛋、大豆等，要營養均衡地每餐選擇不同的主要配菜。如果午餐吃魚，晚餐就吃肉，每餐都必須均衡地攝取蛋白質。

Q 應該吃補給品比較好嗎？

A 首先要重新檢視自己的飲食生活。有些養分就算再怎麼努力透過飲食攝取，還是很容易不足夠。日本女性容易缺乏的鐵、鋅、葉酸以及維生素D等，最好都用補給品加以補充。這些補給品與其單獨吃，不如選擇複合式產品，綜合攝取更能發揮效果。有研究報告指出，有攝取含鐵質及葉酸的綜合維生素、綜合礦物質的女性，較少出現排卵功能障礙。

Q 牛奶等乳製品 真的不適合日本人嗎？

A 乳製品含有乳糖，要消化和吸收乳糖，就要分泌乳糖分解脢。喝母乳的嬰兒每個人都擁有這項酵素，但離乳後這項酵素的合成就會終止。成年的日本人還擁有這項酵素的，比歐美人少得很多。因此有些人喝了牛奶肚子就會咕嚕咕嚕，攝取過多就會引起過敏反應。不過，優格或起司等發酵製品的乳糖含量已經減少，如果要攝取乳製品，建議選擇這些。

Q 有沒有用吃的 變漂亮的訣竅？

A 膳食纖維豐富的蔬菜可以在每餐的一開始先吃，這種「蔬菜優先」的方式能抑制糖分吸收，減少血糖急速上升，被認為是「不會變胖的吃法」，而且廣泛流入民間。現在正受矚目的就是「酪梨優先」的吃法。酪梨的膳食纖維含量是頂級的。而且酪梨也含有相當優良的必需脂肪酸，能夠提高之後所攝取的養分吸收，簡直就是一種推進器！特別能夠幫助胡蘿蔔素和茄紅素等抗氧化成分、以及脂溶性維生素的視黃醇=維生素A和E等吸收，可說是能直接吸收到美容成分。酪梨實在是對美容相當好的食物。

※《Journal of Nutrition》
First published June 4, 2014, doi:10.3945/jn.113.187674

善用飲食訣竅
來變漂亮

國家圖書館出版品預行編目資料

皮膚照護教科書：健康肌膚的新常識 / 高賴聰子, 細川桃合作；
盧宛瑜譯 . -- 二版 . -- 臺中市：晨星出版有限公司 , 2022.03
　　面；　公分 . -- （健康百科；31）
　　譯自：いちばんわかるスキンケアの教科書：健康な肌の
　　ための新常識

　　　　ISBN 978-626-320-069-2（平裝）

　　　1.CST: 皮膚美容學

425.3　　　　　　　　　　　　　　　　　110022838

健康百科 31

皮膚照護教科書：健康肌膚的新常識

作者	高瀨聰子、細川桃
攝影	青砥茂樹、大坪尚人（講談社寫真部）
繪圖	三原紫野
模特兒	殿柿佳奈
化妝造型師	丸山智路（LA DONNA）
譯者	盧宛瑜
主編	莊雅琦
校對	簡于恒、張德芳
美術排版	曾麗香
封面設計	Akira.Lai

創辦人	陳銘民
發行所	晨星出版有限公司
	407 台中市西屯區工業 30 路 1 號 1 樓
	TEL：04-23595820　FAX：04-23550581
	行政院新聞局局版台業字第 2500 號
法律顧問	陳思成律師
初版	西元 2016 年 12 月 15 日
二版	西元 2022 年 02 月 23 日
	西元 2023 年 03 月 31 日（二版二刷）
讀者服務專線	TEL：02-23672044 / 04-23595819#212
	FAX：02-23635741 / 04-23595493
	E-mail：service@morningstar.com.tw
網路書店	http://www.morningstar.com.tw
郵政劃撥	15060393（知己圖書股份有限公司）
印刷	上好印刷股份有限公司

定價 350 元
ISBN 978-626-320-069-2

ICHIBAN WAKARU SUKIN-KEA NO KYOUKASHO
© Akiko Takase , Momo Hosokawa 2014
All rights reserved.
Original Japanese edition published by KODANSHA LTD.
Complex Chinese publishing rights arranged with KODANSHA LTD.
through Future View Technology Ltd.